大樂文化

夾縫中的競爭力

看懂職場運轉的17個決勝計畫

世界500強人力資源總監 任康磊◎著

目次

第3章

把逆境化做助力，就能勇敢突破困境

前言
蝶變戰法的17個計畫，讓你在夾縫中茁壯強大

所謂的天才，都是從哪來的？

我曾看到一段影片，其中有個四、五歲的孩子頭頭是道地談論高階物理學，他掌握的物理學知識量，顯然超過大多數理工科學生。許多人看了這段影片，紛紛感嘆他是「別人家的孩子」。

我前同事的小孩也是這種別人家的孩子，他剛學會說話不久，便背出一大段《三字經》，三歲時可以背誦十幾首古詩，五歲時懂得加減乘除。反觀有些小孩，五歲時連一首完整的古詩也背不起來。

這種別人家的孩子都是天資聰穎嗎？他們的父母恰巧生出天才嗎？我不清楚別人

的狀況，但知道前同事的情況。他喜愛文學，能出口成章、妙筆生花，家中藏書就像一座小型圖書館。孩子還小時，他與孩子玩耍的主題都是詩詞歌賦，孩子大一點後，他特地聘雇家教進行育兒教育。

在前述影片中談論高階物理學的小孩，不可能一出生就了解這門學問。他的父母至少有一位熟知高階物理學，他有很高的機率是在與父母相處時耳濡目染習得。

假如只看結果，我們會以為這類孩子是天才，但看到過程後，我們會發現並非孩子本身是天才，而是父母採取正確的教育方式。人的智商呈常態分配，高智商者若是沒有使用正確的智力開發方法，不會比普通人強多少，而其他人若是擁有高智商者的學習經歷，也可能變成天才。

方法是最重要的，個體差異則是其次。人的成長也是同樣道理，掌握正確的成長方法，更容易成為自己想要的樣子。終身學習的概念已經被廣泛認可，無論是上班、創業或發展副業，人們想要獲得競爭力，學習和成長都是必須的。成長需要學習，但學習不一定帶來成長，如果沒有學習有益處的內容，並使用正確的學習方法，仍然無法成長。

任何成長都不是偶然發生。我以前只是名不見經傳的小人物，透過不斷的摸索和努力，才能在今日蛻變成一個領域的佼佼者，在這個過程中，我踩過的雷、掉過的坑很多。圖書策劃人「寫書哥」經營網路社群之後，成立終身成長訓練營，邀請我分享成長體悟。藉著這次機會，我審視自己的經歷，發現一路走來起起伏伏，做對很多事，也做錯很多事，其中有不少值得總結的法則。

每個人的成長速度會因為方法不同，而有所不同。許多人有成功的願望，但沒有掌握成長法則，甚至使用錯誤的方法，結果難以達成願望。方法對了，事半功倍；方法不對，努力白費。

本書的主要內容是十七個成長法則，以及我的親身體驗和許多人的真實案例，構成蝶變戰法。它們能幫助個體高效地發展、實現目標，在職場中擁有更大的價值。祝福各位讀者學以致用，不論是上班、創業或發展副業，皆能如魚得水。如果本書有不足之處，請讀者不吝指正。

第 1 章

一開始就做對選擇，邁向千萬年薪之路

人生無時無刻不在做選擇，不僅決定方向，也決定事情值不值得、能不能做。很多人只會低頭做事，不會抬頭看天，最後事情沒做好，才發現一開始就選錯了。學會做選擇，能少走很多彎路。

01 循環法則

把握3個特點，打造持續賺錢的飛輪

循環法則：商業世界的任何選擇，只有在商業邏輯形成循環後才值得實踐。

循環法則有以下三個特點，在發展副業、選擇創業專案、決定定位領域和設計商業模式等時機皆適用。

1. 可行（Feasible）：商業模式（透過一系列行動，最後獲得利潤的模式）的邏輯合理，有基本的獲利模型，能獲得利潤。

2. 可持續（Sustainable）：商業模式的邏輯可以持續運行，不斷地獲利。

3. 可擴張（Scalable）：在商業模式中投入越多，利潤也會越多。

❖發展副業要弄對前提，否則不務正業

發展副業的前提是先把主業做好，如果連主業都沒做好就投入副業，那叫不務正業，副業大概也做不好。主業沒做好，說明還有成長空間，應該先把精力用在主業。等到主業沒有成長空間，再考慮發展副業也不遲。

滴滴出行（注：一款能預約某個時點使用或共乘交通工具的手機應用程式）剛允許私家車兼職時，辦公室同事聊起另一位同事A，都很羨慕他每天下班後，兼職開計程車到晚上九點多，一個月的副業收入與主業薪水差不多。

有一次，我和A的主管討論事情時談起A。該部門主要負責產品的品質檢測工作，主管說A在工作上做事俐落，但沒有上進心，而且只做自己負責的事，沒有集體意識和團隊精神，若同事沒做完事情也不會幫忙。

產品品質檢測工作似乎是機械化的內容，每天只需要按部就班完成任務，但其實延伸性很廣。首先，透過品質檢測，發現已出現的產品品質瑕疵，可以推導出生產、工藝、採購、技術、風控方面的問題，從而在更高層次為企業解決問題、創造價值。不過，這需要品質檢測人員具備這些方面的基本知識，掌握相關環節的運作原理。

另外，提高產品品質是體系上的事，需要建設品質體系，從人員、機械、用料、方法、環境等各方面入手。這對負責人員有更高的要求，他們得具備更大的格局和更廣闊的視野，以及更強的內部資源整合能力和溝通協調能力。

同時，產品品質檢測需要使用各種儀器設備，以及多種檢測方法。這些儀器設備有不同的操作方式和注意事項，這些檢測方法的信度、效度、成本各有不同。要熟練運用品質檢測的設備和方法，也需學習。

A每天工作時，抱著做完就好的心態，沒做到可延伸的事情，所以A的主管把他列入裁減人員的清單。

我不理解，A為什麼把很多精力放在副業，難道家裡有經濟困難嗎？我抱著這樣的疑問，找A瞭解情況。

A出身小康家庭，沒有經濟困難，他做副業純粹是不想閒著，還能增加收入，有更強的消費力買喜歡的東西。為什麼不先做好主業？因為做好主業需要漫長的學習過程，短期見不到回報，而且A認為不能把雞蛋放在同一個籃子裡，不能把精力都放在主業，做副業是分散風險。

A這樣兼職開計程車，是簡單且重複的勞動，本質上是用時間和體力換錢。雖然工作不分貴賤，但A本來有能力發展得更好。他的學習能力不差，做主業可以在管理或技術面持續升遷，持續學習會讓他在主業上獲得競爭力，提升市場價值。我好言相勸，他仍不以為然。

最後，雖然A的主管沒有在部門裁減人員時請他離開，但A的主業應該不會有更好的發展。原本可以在主業大放異彩的人，為什麼要把精力用在發展副業呢？

❖ 做事邏輯不通，會導致低等勤奮

很多人羨慕別人成為網紅後風光無限，於是在什麼都沒想好的情況下，一頭栽進網路洪流中做自媒體。不說那些被洪流淹沒的人，很多努力後獲得大量粉絲的人，也不過虛有其表，最後沒有賺到錢。我身邊有很多這樣的朋友，想盡辦法做大自媒體的流量，卻沒想好如何變現。

有一次，我和朋友B說：「你要不要先想好再開始做？」

他說：「網路時代是流量為王，我先做出大流量的自媒體，到時再想變現的方法也不遲。」

於是，他空有百萬粉絲的帳號，一個月接幾個業配，收入幾千元，與投入完全不成正比。而且，自媒體需要持續生產內容，如果停止更新，就馬上掉粉。後來，他陷入一個投入遠大於回報的局面，食之無味、棄之可惜，只能苦苦堅持。

我說：「流量做起來了，現在有變現方法了嗎？」
他說：「還沒想好，還在摸索……」

我知道B做自媒體不是為了玩，而是真心想利用辛苦做起來的帳號變現，可惜一直沒想好持續、穩定的變現模式。對於自媒體最常見的三種變現模式，B覺得都不適合自己。

1. 業配變現

B最想透過業配變現，但他是被動接業配，業配時多時少，很不穩定。而且，如果找他業配的單價較低，他也不能不接，因為他不知道去哪裡找穩定的大單。雖然賣減肥藥、美容針或理財產品的業配很多，但他不敢接，因為這些產品很容易出問題。

2. 知識變現

方式有三種：第一種是自己講課、賣課程，第二種是賣別人的課程，第三種是開設一個知識付費的社團。B的自媒體平台是抖音（TikTok），內容偏大眾生活化，而知識產品通常是為了解決某個特定領域的問題。同時，他的粉絲黏著度低，多數人關注他只是為了看他發布的內容，根本不會加入他的社團。

3. 帶貨變現

方式有兩種：第一種是直接提供網路商店連結；第二種是做直播，既可以賣自己經營的商品，又可以賣別的網路商店的商品。B試過放合作的網路商店連結，但成交量極低。他直播過幾次，發現沒多少人看，遑論帶貨。至於經營自己的商品，他根本沒做過這類生意，連選品都不懂。

B成功做出高流量的自媒體，已經比沒做出來的人強了，但沒有滿足可行、可持續及可擴張的循環法則，則邏輯不通，他的一切努力必然是低等勤奮。

B最想做的業配變現目前相對穩定，但他沒有找到穩定的接業配方式，都是被動接受，收入不穩定，因此難以持續。雖然他的粉絲數破百萬，但黏著度低。他現在的方式不具備較大的成長空間，也不具備可擴張的特性。

我當然不是說做自媒體不對，而是在沒有想好如何形成循環的情況下貿然行動，投入和產出容易失衡，使努力變成低等勤奮，導致資源浪費。

很多人建議我做自媒體，因為做好自媒體等於抓住流量，有很大的好處。我沒有放棄自媒體，我有社群帳號，而且都在經營，但是毫無起色。社群帳號經營不好，是因為我行動力差或沒有能力做好嗎？當然不是，**做任何事都有相應的方法論，方法對了，只要投入精力一定能做好**，而且我有一定基礎，做起來並不困難。

但是，我還沒想好做自媒體的循環。自媒體是需要持續投入的工作，前期必然存在一段付出與回報不成正比的時間，以後的存續很難說，也會出現靈感枯竭的情況。未來我或許會投入時間做自媒體，但要先想好如何形成循環。

❖ 抓好循環中的2個端，高效利用時間

有些人學時間管理，表現出很懂得管理時間。一段時間後，這些人雖然沒有浪費時間，但在創造價值上沒有進展。為什麼？因為會管理不代表會利用，管理時間是

「不讓時間浪費」，利用時間是「提高時間的單位價值」，也就是人在單位時間內創造更高的價值。

花時間做事，可以理解為對未來進行投資，而有效利用時間能讓投資最大化。什麼樣的事最值得投資？

這些事最好能同時滿足「可行、可持續及可擴張」這三點。滿足這三點，代表邏輯上說得通；沒有滿足這三點，邏輯上說不通，做了也注定失敗。對時間管理的理解再高明，如果沒有認識這一點，很難讓自己增值。

以寫書為例，很多人問我，寫書不賺錢，為什麼把大量時間用在寫書？相較於很多行業，寫書算不上賺錢，但完美契合循環法則。

1. 可行

寫書確實賺得不多，但賺得不多不等於不賺錢。「寫書→出版→拿稿費」這種傳統的經濟模式，不僅符合薄利多銷的邏輯，而且能有效增強勢能（注：存在於物理系統內的一種能量，作者將它喻為人們儲存的個人資本，累積越多越能展現價值）。

2. 可持續

寫書無法一夜暴富，而是細水長流，這是可持續的事。暢銷書的生命週期一般是三至三十年，而百年暢銷書的壽命更是比大多數企業還要長。

3. 可擴張

無論從寫書數量或是圖書銷量的角度來看，寫書都可以擴張。如何增加圖書銷量？如果一本書的平均銷量只有十萬冊，那就寫十本、二十本、三十本。

這時候，一定有人想，可能寫三十本嗎？

我有個思維習慣，當發現別人能做到一件事，我考量的不是我做這件事可不可行，而是一定要做；也不是我可不可能做到這件事，而是如何做到。

做ＩＰ的最終目的是賺錢，要有恰當的商業模式。商業模式最關鍵的是要在邏輯上形成循環，形成循環，才能增加ＩＰ勢能，提升個人價值。如果不能形成循環，我們就沒有方向，做著做著便會迷茫。

針對知識型ＩＰ，什麼是循環？主要有的五個端，包含流量端、產品端、經營端、轉化端、品牌端，但不一定都要自己做。對於大多數個人ＩＰ來說，最重要的是**產品端**和**品牌端**，一定要抓好這兩個端。至於其他的三個端，可以與別人合作，或者在更長的供應鏈上尋找合作，在更廣的價值鏈上找準位置。

術業有專攻，透過合作，讓專業的人做專業的事，並提供對方應得的報酬，是效率最高的策略。很多人不懂得合作，什麼事都想由自己做，結果不僅浪費精力，還可能做不好。

> 我和同事買了同社區同房型的房屋，我找裝修公司全權負責，而同事則親自上網下載設計圖、雇工人、跑建材市場砍價、買材料……。結果，我花二十萬元，裝修出三十萬元的效果，同事花三十萬元，只裝修出十五萬元的效果。

在產品端，我透過「出書→讀者反饋→設計課程→繼續出書→讀者回饋」，形成良性循環，實現螺旋式上升。在品牌端，我透過「出書→影響力增強→個人品牌價值提升→繼續出書→影響力增強→個人品牌價值提升」，形成良性循環，持續增強影響力和個人品牌。

我仍然不斷學習更多成功案例的做法。方向和方法對了，該做的都做了，才可能做成。如果邏輯不通，行動會變成低等勤奮。

02

生態法則

你的發展變化，決定你創造價值的能力

生態法則：生態棲位等於價值位，決定個體在商業世界裡創造價值的能力。

商業世界像一個巨大的生態環境，個體在商業世界裡的位置，如同生物在自然環境裡的位置，也就是生態棲位。個體在商業世界的發展變化，就像生物在生態棲位上的發展變化。

❖ 生態棲位決定價值，關鍵在你是否優秀

我大學畢業時，原本準備留在天津發展。後來，奶奶病重，不希望我離她太

遠，於是我回到老家附近的威海工作。威海在山東半島東端，海洋和旅遊產業興盛，整體生活節奏較慢。很多人對我從天津到威海工作感到惋惜，我一開始也這麼想。

剛到威海時，我一直以為小城市學不到東西，待在這裡會變得眼界狹隘，失去發展機會，一輩子普普通通，但事實並非如此。

我所在公司的策略長（Chief Strategy Officer，簡稱ＣＳＯ）是加拿大人，稅後年薪一千萬。公司的管理團隊有美國人、澳大利亞人、馬來西亞人等，顧問團隊有英國人、德國人、日本人、印尼人等，合作諮詢機構有ＩＢＭ、埃森哲（Accenture）、羅蘭貝格（Roland Berger）等。

這家公司支付一流的薪水，擁有一流的人才和團隊，營運模式和管理系統都是世界頂尖。在這家公司工作，難道眼界會比在大城市狹隘，難道學不到東西嗎？

很多人鼓吹只有大城市才有發展和未來。這實際上是誤導眾人，神化大城市價值，盲目否定小城市價值。

一隻獵豹，無論在非洲大草原還是美國黃石公園都是獵豹；一隻鹿，無論在非洲大草原還是美國黃石公園都是鹿。**關鍵不是你在哪，而是你是誰**。在小城市能賺錢的人，到大城市也不會太差。一個人若在小城市不懂得如何獲得財富，到大城市也不會懂，而且這種人喜歡怨天尤人，常抱怨沒有機會。

我在上海和威海都有公司，平時兩地跑，但多數待在威海，因為那裡不容易塞車，空氣又好。我的合作機構、服務平台遍布全中國，在倫敦、東京、曼谷，都有與我建立長期穩定合作關係的人。身處的地點不影響我與頂尖的資源交流合作，資訊技術讓我的團隊可以分布在世界各地，網際網路和物流網讓我的產品觸及全國每一座城市。時間是我寶貴的資源，是產生價值的基礎，我為什麼要去大城市塞車、擠地鐵而浪費時間呢？

優秀的人到哪裡都優秀。換句話說：「處在食物鏈頂端的人，到哪都處在食物鏈頂端。」所處的地方無法決定一個人的生態棲位，他當前在做的事情才能。

❖ 小城市也能有發展，資源不受時空限制

我曾在網路上表達過前文的觀點，有人跳出來反對，說我不能把自己的情況套在所有人身上，不能鼓勵大家遠離大城市，到小城市發展。大城市一定比小城市有更多機會和資源，這是無庸置疑的客觀事實。

我的觀點是「小城市也可以有發展」，網路上有些人則說「小城市沒有發展、沒有未來，只有去大城市才是唯一正確的選擇」。我從沒說過年輕人應該去小城市發展，也沒鼓勵任何人遠離大城市。

有一次我在社群分享「小城市同樣可以有發展」的觀點，有個群友表示我說得不對。他目前在上海工作，老家在偏遠地區，父母務農。他非常慶幸在上海工作，才有機會與身邊很多優秀人才共事。如果回老家，怎麼會有上海這麼高的薪水，怎麼能學到身邊這些人的有價值技能呢？

1. 資源不受時空限制

只有人在上海，才能經常接觸身處上海的優秀人才，這一點無庸置疑。除了人才之外，很多資源也有類似的地域屬性。但是，身處上海難道只能與當地的資源接觸嗎？難道不能接觸北京、廣州、深圳的資源，或是紐約、倫敦、東京的資源嗎？身處上海不僅可以，也應該與世界任何角落的有利資源接觸。

一個人身處何地不是關鍵，能運用自身的眼界和格局，把有利自己的資源連接起來才是。一項業務做得越大，市場越廣，需求的資源越不會集中在一地，若一開始就侷限一地，容易把眼界和格局鎖死。資源不受時空限制，任何人在任何時間和地點，都能連接有利自己的資源。這不是科技能不能達成，而是願不願意去做的問題。

2. 有些技能只在某個時空有價值

身處大城市，卻只接觸自己周圍資源的人，明白什麼是有價值的技能嗎？離開舒適圈後，當前的技能還適用嗎？能支撐未來三、四十年職涯或事業發展的需要嗎？

小時候，父母覺得銀行櫃員是體面工作，覺得在收費站工作是穩定舒適的工作。但是，如果加上時間面向，一直在這兩個職位上工作所掌握的技能，可以支撐未來發展的需求嗎？很少人思考這個問題，因為人們習慣專注眼前。

判斷技能有沒有價值，不能侷限於當前的時空，要思考該技能在未來幾十年、在各領域、各城市會不會過時。很多企業的生命週期只有三至五年，行業的生命週期也越來越短，讓很多人一生會換幾次公司、職位，甚至換城市工作。

有些技能只在某個時空有價值。**真正有價值的技能，是在任何時間和地點都適用的技能**，例如：溝通協調、語言表達、文字表達、邏輯推理、分析判斷等。幾千年的歷史中，這些技能從來沒有過時，未來同樣有價值。掌握有價值的技能，才能不受時空的限制。

3. 身處偏遠地區和務農不代表沒前途

首位突破一千萬訂閱的中文 YouTuber 李子柒，身處偏遠地區，平時的工作是務農和拍 YouTube。難道李子柒沒有前途嗎？如果他沒有前途，為什麼會有數以億計的粉絲？

李子柒也許距離很多人比較遙遠，我舉個身邊的例子。

我表妹的同學李強畢業後，回到老家海陽市幫忙。他的父母務農，主要種植白黃瓜（海陽市特有的黃瓜品種，清甜爽口），但它是很冷門的品種，大多數農戶都在周邊地區自產自銷。

李強回海陽的目的，是想透過電商把白黃瓜賣向全國。一開始，他透過微信電商銷售，在全國各地招代理，他負責保證貨源和品質，代理負責銷售。形成一定規模後，他在其他電商分別開店。

李強說他平時一天的出貨金額大約兩萬元，過年過節時，出貨量變成兩、三倍。他不是海陽第一個做白黃瓜電商生意，規模也不是當地最大，但他的收入已經遠超過在大城市工作的同學，而且他持續鍛鍊一項核心能力——在商業世界中生存的能力。在大城市工作的人短時間內很難習得這項能力。

很多人說：「大城市的機會和資源更多」，實際上是在大城市較容易尋得一份相對高薪、安穩的工作。如果這是某人一生的目標也無可厚非，但他不能因為他的選擇，就說待在小城市沒有希望。

因為待在小城市而自暴自棄的人，待在哪裡都不會有希望。

❖ 生存方式可以選擇，不要總抱怨環境

環境會對人造成影響，但過分強調環境對自己的影響，通常是在找藉口。當一個人發現周圍環境對自己產生負面影響時，說明他已經意識到問題存在。既然有意識，為什麼不想辦法避開呢？

請大家先思考一個問題：如果你參加一個尾牙，你原本滴酒不沾，也不喜歡喝酒，這時候別人向你敬酒，你要不要喝？喝了，就要跟著全桌人一起喝。不喝，也許會影響你今後的工作。

這裡做出的選擇會決定你的定位及生態棲位，而我如何選擇？

我分別在山東兩家大型上市公司工作過，合作夥伴迎賓好客的習慣，讓我即使從事人力資源管理，晚上也常有聚會活動，而我經常參與，並組織活動。在這種環境下，上司敬我酒，我是否要喝？

我的選擇是不喝。我不找藉口也不編理由，直接說：「對不起，我不喝酒，以茶代酒表示謝意。」我的舉動是不是很笨？是不是不把上司放在眼裡？還想發展嗎？曾經有同事語重心長地勸我說這樣不行，該喝的時候還是得喝。

事實證明不需要。我不僅不喝酒，平時對上司也不阿諛奉承、逢迎拍馬，我做事的原則是把上司交代的事都處理妥當。我長期堅持一貫的做事風格，活出自己的態度，在環境中明確自己的定位：我是做事的，想把事情做好可以找我，想喝酒找別人。我的力氣不用在酒桌，而是用在工作。這個定位也表明我的生態棲位。

反差會帶來驚喜，我在工作中的表現原本就可圈可點，上司注意到我，反而發現我有更多優點。就像在選秀節目中，其貌不揚的人張口唱歌震驚四座。有同樣唱功、外表光鮮亮麗的人，反而沒那麼令人震撼。

我們不是在任何情況下都要屈就環境，而是**不要總抱怨環境，也不要把自己的錯全歸咎到環境**。總有方法可以在環境中保持個性，找到適合的生存方式，發現自己的生態棲位，進而活出精彩。

03

後進法則

選擇商業模式的第一步：學習和借鑑

後進法則：跟著成功者的步伐，學習成功者的模式。

不論是創業、發展副業，還是期望透過自媒體獲利，當不知道該選擇什麼樣的商業模式時，最好的選擇是找到所在領域的成功者，學習和借鑑他們的模式。

❖ 理想主義很美好，小心別踏入陷阱

朋友C出生中醫世家，行醫幾年後，與同為中醫的父親一起創業，開設一家中醫診所，選址在當地最繁華的商業街，專治不孕。因為入不敷出，診所開了幾

年就關店歇業。

經過調整，她再次創業，定位與原來一樣，只不過這次把診所開在租金較低的地方，但看病的患者依然很少。為了增加觸及率，她開設一家網路商店，並將部分使用者轉為網路看診的服務對象，但依然無法解決問題。

我問她：「全國有沒有專治不孕的中醫診所，做得比較成功的？」她說：「沒有。」我驚訝地問：「你為什麼選擇中醫和專治不孕的組合呢？會不會是領域的市場空間太小，不足以支撐你的經營？」

她說：「應該是這個原因，中醫和婦科的組合可能會更好。」我問她：「你為什麼不選這個領域？」她說：「我無法認同很多婦科醫院的行銷方法，以及營運模式。我是個醫生，有自己的理想，不想太商業化。」

我說：「你的願望很好，如果你在醫院當醫生，這麼想沒有任何問題，可是你正在創業，要保證醫院正常運轉。」她沉默一會兒，說：「確實是這樣。」

C有些理想主義，雖然對事業和未來有規劃，然而那只是想像，很難落實。理想主義有時是好事，可以讓人擁有夢想，但有時是壞事，容易讓人不切實際。

她認為按照自己的邏輯能把生意做起來，但市場怎麼可能迎合特定人？從古至今，能賺錢的人都懂得順應市場規律、迎合市場訴求。成功婦科醫院的定位和做法，不論從個人角度來看多麼不喜歡，也一定是符合規律、迎合訴求。她要做的，是先衝**破自己的侷限思想，站在更高層次，不帶主觀色彩地看清當下狀況，判斷應該做什麼。**

如果不知道該怎麼做，可以找自己未來想成為的成功者作為標竿。研究這些人的定位和做法，結合自身情況，設計路線和做法，也是一種策略。千萬不要想得太美好，過於理想主義。

❖ 答案在成功者背後的模式，如何找到？

我有十幾年的連鎖零售業高級主管經驗，曾在兩家大型公司任職，一家是有百年歷史的世界第三大零售公司，另一家是綜合排名第十的大型A股上市公司。這兩家公司的成功經驗告訴我，若某人開第一家店成功，想要第二家店也成功，最好的辦法是學習和複製第一家店的模式。這是世界上所有連鎖零售業在跨地區、跨國界開店的情況下，還能保證獲利、基業長青的秘訣。

但是，如果某人還沒開過店，又想開店，他要如何做才能成功？最好的辦法是學習已成功的同質店做法。先搞清楚成功的同質店如何做，再參考和模仿，然後視情況反覆調整並升級。

朋友D開了一家店，但生意不好，她問我怎麼辦。
我問她：「同城的同質店中，做得最好的店為什麼做得好？」
她說：「因為那家店在當地有資源，所以能成功。我沒有，沒辦法模仿。」
我又問她：「它是連鎖店嗎？如果是，它在別的城市經營得如何？」

她說：「是連鎖的，在好幾個城市都挺成功。」

我問：「這家店在別的城市也是因為有資源才成功嗎？」

她說：「不知道，不過不太可能在每個城市都有資源。」

我說：「資源或許不是成功的決定性因素，你研究過這家店如何選址、做商圈分析、做顧客分析、吸引顧客、管理產品、設計定價策略，以及做服務管理嗎？」

她說：「從沒研究過，也從沒想過這些問題。」

我說：「看來問題在你只知道別人成功，只看到別人成功的片面因素，卻沒仔細研究別人如何成功。」

成功者把某件事做成後，**一個人如果能把成功者的方法提煉出來，對做成這件事會有巨大幫助**。成功者能連續把事做成，他的方法論一定很寶貴、值得學習。

餐飲連鎖業中有一種現象：某老闆基於獨門配方或技術，開發出某個餐飲品類，創立某連鎖餐飲品牌，不久後，跟著創業的高級主管離職，做出一個極為相似的餐飲品類，口味、裝飾、定位、店名都相似。很多人以為配方、技術或產品是成功的關鍵，但實際上不是。配方、技術及產品都可以模仿，而餐飲店能不能成功，與選址、定價、管理、服務等一系列營運模式有關。離職的高級主管之所以能開店成功，是因為掌握營運模式，即使沒有掌握配方和技術，依然可以套用這個模式獲利。

不論任何領域，答案都在成功者那裡。不要只看到表面的成功，要研究成功者背後的模式。如何知道成功者背後的模式？

- 親自向成功者請教。
- 如果前一點無法執行，找與成功者關係較近的人，例如：其伴侶、親戚、合夥人、股東、朋友、員工等，向他們請教。
- 如果前兩點都無法執行，從商業邏輯上研究成功者的模式。

不論採用哪種方式，都要牢記一個關鍵字：**主動**。方法不會長腳跑來，需要主動尋找和發現。

❖ 不要一開始就談顛覆，先模仿再創新

任何在線上或新興產業成立的商業模式，在傳統產業中都能找到其縮影。阿里巴巴的平台型商業模式，實際上是線下批發市場模式的變形。樊登讀書會的金字塔商業模式，實際上是線下加盟店模式的變形。直播電商模式實際上是電視購物模式的變形。換句話說，只有在線下或傳統產業中被驗證成立的商業模式，在線上或新興產業中才可能成立。

創新一種世界上從未存在的模式，或者在設計產品或服務時，加入不切實際的承諾，很容易失敗。

有個出版社主要出版工具書，出版社的老闆認為，要吸引讀者購買，好好服務讀者，留住回頭客，就要提供讀者一些加值服務，所以這家出版社針對每本書都建立一個群組，同時在書的封面附上群組ＱＲ碼，方便讀者加群提問。

這似乎是個好方法，既能增加圖書賣點，又能拉近讀者與作者的距離，為讀者提供更好的服務。但是，出版社編輯不懂技術，只能以客服身份出現，當讀者有問題，必須請作者解答。

書剛出版時，因為新鮮感，作者在群裡解答比較積極。隨著提問的讀者越來越多，作者應接不暇。況且，很多問題不是一兩句話能說清楚，作者經常要耗費一兩個小時來回答。賣出一本書，作者可能只賺四元，後續的解答服務卻佔用大量時間。不超過三個月，即使有讀者提問，作者也不再回答。

若作者不回答，讀者覺得吃虧，因為在買書時，書上寫著有問題能得到解答。若作者回答，他自己覺得吃虧，因為回報遠遠少於付出的時間成本。而且營運群組需要付出管理成本，最後群組都淪為廣告群。

這件事一開始就注定會失敗，為什麼？

- 讀者對出版社沒有忠誠度，出版社對讀者是否買書的影響很小。讀者回購率與讀者在出版社得到的服務沒有密切關係。
- 作者不願意服務是必然的，因為時間成本太高、收益太少。這種賠錢的事天底下沒人願意做，除非後續有高毛利的產品轉化，例如：讀者付費參與一對一諮詢服務、線上課程、實體課程等，作者才願意積極回答問題。

出版業已存在很久，成功的出版社偶爾會舉辦讀者見面會、新書簽售會、作者講座等，為什麼之前沒有推出過類似在群組中解答的服務？因為這件事從邏輯、財務、人性上來看，都是行不通。

類似情況也出現在線上課程領域。我曾經合作的一家線上課程機構，為了增加銷量，豐富用戶體驗，擅自增加每週解答的環節，要求我開課後每週固定抽出一小時為用戶解答，持續十週，這平白增加我十小時的時間成本。而且，人力資源管理不像一般人想得那麼容易，不是別人提出問題，我再回答就好，粗淺回答解決不了實際問題，精準回答又需大量時間。

實務中的人力資源管理不是一加一等於二、非黑即白。每個企業的背景、文化及規則都不一樣，當某人問「如何做好績效管理」，絕不是幾句話就能說清楚、講明白。相較之下，將線上課程做得比較成熟的平台，或者平台中經驗豐富的傳統培訓業高手，就不會設計出這樣的產品服務。

成功者之所以不做一件事，不一定是因為成功者不會做，而可能是他已經做過，發現不可行；也可能是他已經思考過，認為這件事在邏輯上不可行；也可能是這件事違背經濟原則，在財務上做不到。

總之，**一個人想成功地做一件事，應先考慮模仿，再考慮創新。**換句話說，可以微調，但不要一開始就想顛覆。

04 聚集法則

做商品定位時，瞄準競爭者多的領域

聚集法則：當不知道該進入哪個領域時，可以選擇競爭對手較多的領域。

當不知道如何定位、進入哪個領域時，可以選擇從業者較密集的領域，因為競爭激烈通常代表市場空間較大。進入這個領域後，我們不用為沒有市場或是商業模式不通而煩惱，可以把精力放在提升競爭力。

❖小的不一定美，但發展規模一定有限

起初我在網路上寫作時，發現某知識分享平台（後文統稱X平台）。有人

告訴我X平台小而美，我一開始也這麼認為。X平台有首頁推薦機制，只要內容好、被推薦，就有固定的流量入口，而且競爭小。當時我認為這個平台適合新手，所以選擇在上面發布內容。

一開始，我在X平台上寫人力資源管理類的內容，根本沒人看，也沒得到推薦。後來，我改為寫職場類的內容，粉絲漸漸多起來，問題也隨之而來。

1. 內容受限

X平台是封閉社群，文章能否登上首頁，全憑推薦機制。大平台推薦內容是看資料，而X平台首頁推薦權掌握在話題負責人的手中，但這些人不是X平台的員工，自身也想做IP。這樣運動員兼裁判，就產生派系、關係之爭，以及主觀判斷等問題。

2. 無法變現

作者在平台輸出內容，是為了什麼？多數人的最終目的是賺錢。這個目的雖然勢利，卻很真實，因為作者也要吃飯啊。

X平台如何讓作者賺錢？不能說它從沒想過這個問題，但從結果來看，它做得很差。X平台沒站在作者的角度考慮問題，它嚴禁打廣告和放置外網連結，設置的各種規則都完美封堵普通作者的變現方式。我在X平台上輸出內容時，根本不知道如何透過平台賺錢。如果我在平台輸出內容，卻注定徒勞無功，我有什麼理由繼續？

平台長久存續的唯一方法，是讓供方賺大錢，再用賺錢的供方宣傳平台，於是更多的供方會源源不斷地加入。不站在作者的角度幫作者變現，是X平台的最大問題。

3. 用戶特質

X平台的主要寫作群體是文藝青年，主要受眾群體是寫作群體及社會自由人士，用戶一半自產自銷，一半自娛自樂。

作者在X平台看不到希望，願意在上面輸出內容的作者越來越少，平台的優良內容就越來越少，它的用戶也越來越少，這又令作者看不到希望，由此形成一個惡性循環。所以，小的不一定美，但一定小。

如何選擇起步的平台？至少要考慮三點。

1. 平台要有大流量，最好背後有大資本支援。
2. 平台本身有穩定的獲利模式，而且近幾年持續獲利。
3. 平台上的輸出者有明確的變現模式。

❖ 競爭激烈的地方，更有市場和機會

朋友E找我諮詢定位問題，她曾在網際網路公司做過幾年營運，是位母親，愛好是讀書，她有好多領域可以選擇，包括讀書、營運、育兒、新媒體等。

我和她聊了一會兒，發現她在讀書領域已經小有成就，不僅獨創讀書方法，而且用這套方法出書。她在其他幾個領域的從業時間不長，優勢不明顯，所以我建議她選擇讀書領域。

她將定位聚焦在讀書領域後，開始製作讀書方法論的線上課程。她的線上課

程被知識課程平台「千聊」選中，登上千聊的首頁，播放量超過五十萬次，於是她獲得比較大的名氣和影響力。

後來，E的朋友S找我，說她也想做讀書領域，並打造個人品牌。她看到E的線上課程成功，便找我諮詢怎麼設計讀書領域的線上課程。S說完她對做線上課程的疑惑後，又介紹自己有十年兒童英語教育的工作經驗。

我沒有回答她怎麼做讀書領域的線上課程，而是問她：「你為什麼不做兒童英語教育領域？這個領域對你來說更合適。」她說：「因為兒童英語教育領域競爭太激烈了。」

我說：「你不能因為競爭激烈，就放棄最適合自己的領域。如果競爭激烈，你可以解決自己競爭力不足的問題，透過合併、增加勢能、資源整合等方式來解決。」

我為什麼推薦她選擇兒童英語教育領域？她聽完我的理由後豁然開朗，毅然決定選擇我的推薦。

1. 經驗豐富

她有十年兒童英語教育的工作經驗，不僅當過講師，還做過行銷、營運及服務方面的工作，瞭解整個營運模式和產品交付模式。她深刻理解這個行業，比別人擁有更多經驗。

2. 市場空間

兒童英語教育領域雖然競爭激烈，但競爭大也代表市場空間大。因為再窮不能窮教育，大多數家長不會忽視孩子的教育。隨著經濟發展，國民生活水準提高，這個領域的市場空間只會越來越大。

3. 模式成型

無論是線上課程還是實體兒童英語教育，商業模式都基本成型，有不少成功的個人IP和連鎖機構可供學習，有大量的成功案例和優秀做法可以參考和複製。成功案例越多的領域，越是好領域。

4. 品牌關聯

S做兒童英語教育領域可以打造個人品牌，以及方法論品牌。

5. 事業關聯

S的伴侶已加盟一家兒童英語單字學習的線下連鎖品牌，並打算開一家兒童英語學習機構。S聚焦在兒童英語教育領域，與伴侶的事業相輔相成。一旦她的個人品牌加上方法論品牌的模式形成，還可以發展招商加盟模式，讓別人加盟。

不要害怕競爭，不要因為某個領域競爭大，就放棄那個領域。競爭大的領域代表市場空間大，**在多數情況下，競爭小的領域不代表機會多，而是代表市場空間小。**競爭力不足的問題比市場空間小的問題更容易解決，最怕的是某個領域沒幾個人做，也沒幾個顧客。

❖從使用者應用情境，找到商品合適定位

我在網路社群寫職場主題走紅，讓我進入一個誤區，以為「職場達人」的定位是好的。職場達人是個好定位嗎？對已成型的大ＩＰ來說也許是，但對新手來說則不是。

- 職場領域看起來有幾億潛在受眾，但過於宏觀，沒落實到具體需求，而且存在不少假需求，比方如何求職看似有市場，實際上商業價值有限。
- 任何一個有幾年工作經驗，期望透過網路獲得勢能的人，都可以貼上職場標籤，門檻低導致職場領域內龍蛇混雜。
- 職場達人、職場導師這類標籤能解決所有職場疑惑嗎？說不清楚能解決什麼問題，定位有些虛無縹緲。

沒有任何一款成功產品的使用者定位是模糊的，同樣的道理，個人ＩＰ的品牌或

產品也要有使用者應用情境。誰都適合等於誰都不適合，誰都可以買等於誰都不會買。

以我為例，我必須聚焦用戶群體，思考使用者應用情境，根據情況找到合適的定位。思來想去，沒有比人力資源管理更合適的定位，為什麼？可以從以下三方面分析。

1. 剛性需求

人資不會做事怎麼辦？企業有人力資源管理問題要解決怎麼辦？老闆不具備人力資源管理理念怎麼辦？答案都是學習。這些學習都是剛性需求（在商品供需關係中，受價格影響較小的需求，即需求彈性較小的需求）。

2. To B（面向企業用戶）

人力資源管理是與經濟發展關聯較密切的領域，企業有人力資源管理知識服務方面的需求。企業有持續需求的領域一定是常青樹。

3. 藍海

經營管理領域是紅海，已經有很多大咖，而人力資源管理領域那時候還是藍海（當然如今也成為紅海）。

對知識型ＩＰ來說，有個簡單快速尋找定位的方法，就是看圖書銷量。圖書是最傳統的知識付費產品，人們的知識需求量越大，圖書越好賣。所以在定位時，存在許多暢銷書的領域一般都值得考慮。

本章重點整理

- 符合可行、可持續、可擴張的商業模式，是合邏輯且能不斷產生利潤的循環。邏輯不通，會導致低等勤奮。
- 真正有價值的技能，在任何時空都適用。關鍵不是你在哪，而是你是誰。所以，不要讓環境決定你，而是自己決定自己的價值。
- 選擇商業模式時，理想主義、自我中心是陷阱，若一時不清楚方向，可以模仿同領域成功者的做法。
- 不確定要進入哪個領域時，可以去競爭大的領域，因為競爭大代表市場大、機會多。小的領域不一定美，但一定小。

NOTE

/ /

第 2 章

看透職場運轉，
競爭激烈也能站上頂端

不論是發展主業、副業，或是創業，伴隨個體成長的競爭無所不在。競爭不是壞事，某個領域競爭大說明市場空間大。商業世界優勝劣汰，既然有競爭，必須思考如何在競爭中取勝。

05 錯位法則

在成熟市場避開同質性，發揮獨特優勢

錯位法則：初入新領域時，避免同質性，發揮自身特點，能獲得競爭優勢。

想在成熟市場中崛起，就要學會錯位競爭。所謂錯位競爭，是指人們剛進入某個領域時，不要直接參與領域中清晰可見的白熱化競爭，要避開主要矛盾，避免同質性，透過充分表現自身獨特優點，尋找其他途徑，讓自己在不同面向上參與市場，改變競爭格局，進而累積勢能並取得優勢。

❖ 競爭並非擂台比武，硬碰硬不如換角度

以下是我人生中第一次面臨商業困境，並且無師自通經營管理的經歷。

上大學時，我和兩個同學一起開奶茶店，他們出錢，我負責營運和管理。那時候，奶茶剛興起、毛利高，而學校位置偏僻，學生想喝奶茶只能到繁華的商店街。在看準市場後，因為門檻低，起步快，我們開了學校周圍的第一家奶茶店，生意異常得好，很快又開了兩家店。

雖然我們眼光好、敢想敢做，但競爭對手很快出現。不到半年，學校周圍已有十幾家奶茶店，讓我不得不思考：同樣是是奶茶，如何讓學生愛買我們店的？

我該如何打破困境，獲取競爭力？

1. 做市場分析

如果競爭對手再增加，繼續瓜分市場，我們店必然虧損。其實不只我們店，學校周圍的奶茶店都是如此。這是市場被發掘，競爭者湧入帶來充分競爭的必然結果。

2. 換競爭策略

因為有前期累積，放棄生意難免可惜。我發現消費奶茶的學生群體對價格非常敏感，當時學校周邊的奶茶定價為一杯六至十二元，已是各店咬牙降價後的價格。有沒有可能把價格壓到五元一杯？

3. 轉思考方式

壓低價格的條件是降低成本。如果繼續開店，即使不雇人，定價五元也接近賠錢。這個問題看似無解，但換個思路，有沒有可能不開店還能賣奶茶呢？

4. 變經營模式

我把三家店全關了，租下便宜的單間，集中放置設備，生產成品奶茶，只有最熱賣的三種單品，以增大規模經濟、減少成本。我與學校所有超市談合作，以一杯四元的價格供貨，統一賣一杯五元。因為我和學校幾個超市的老闆都熟，提供的條件又誘人，更是學校第一家供應低溫成品奶茶的，所以我與他們很快達成合作。

在前述的經營模式下，生意比原來更好、更省心。雖然毛利率不如開店時高，但有了規模效應和價格優勢，銷量比以前高，賺到更多錢，而且管理成本比開店時低。

商業世界的法則是互通的，小生意做不好，大生意一定做不好，不懂得怎樣在經營小買賣中取勝，也一定無法好好經營個人IP。競爭不是擂臺比武，不用硬碰硬地鬥出誰比誰強。換種方式，採取錯位競爭，便能豁然開朗。

❖避開主要戰場，機會藏在細分領域

流行音樂圈一直是競爭激烈的成熟市場。假如你是原創歌手，沒有大牌經紀公司包裝，也沒有雄厚宣傳資金支持，怎麼做才能擁有頂級歌手的影響力？

因為工作需要，我頻繁搭乘計程車往返機場，見識了形形色色的司機，他們開車中聽的音樂引起我的注意。我自認熟悉主流音樂，也知道不少的歐美主流歌手和樂隊，但是我幾乎沒聽過司機聽的歌。若是個案，我不會在意，畢竟每個人喜好不同，不過他們聽的音樂具有高度相似性。

有一次，我詢問司機這些歌手和歌曲的來歷，司機很詫異，說它們都出自音樂排行榜，反問我是不是從來不聽歌。我當時內心很困惑：自己雖然年紀大，但會聽最新的流行樂，也經常聽排行榜歌曲，怎麼從來沒聽過這些歌？

後來，我仔細觀察音樂排行榜。原來音樂排行榜中有個特色榜，其中有個網路歌曲榜——當天顯示的播放量是九百九十萬次。我點進去聽，發現裡面的歌大部分都是司機聽的歌。

從此我對網路音樂有了新認識。**不論一個領域發展得多麼成熟，競爭多麼激烈，我們總能在其中找到機會**。機會不僅來自增量，也來自存量。

找不到機會，可能是因為盯著競爭已白熱化的主流。不要小看任何一個領域，很多被忽略的細分領域都可能蘊藏巨大機會。在競爭白熱化，甚至少數贏家通吃的市場中，依然可以找到機會。

回到一開始的案例，原創歌手除了可以透過網路音樂崛起之外，還能利用很多錯位競爭的方法增加影響力。例如：在二〇二〇年的綜藝節目《脫口秀大會第三季》，資歷尚淺的王勉以音樂脫口秀的獨特形式獲得冠軍。

很多參與比賽的脫口秀演員說：「王勉不是和大家比賽，而是和自己比賽。他只要正常發揮，講傳統脫口秀的選手都比不過他。」王勉用音樂加上脫口秀的形式，不僅獲得錯位競爭優勢，而且為自己創造一片藍海。

❖ 新人想贏老手，追求3個面向的領先

競爭是多元的，某人在某方面做得很好，也許是因為擅長、具備資源，或是長時間累積。後輩想要取得競爭力，並贏得競爭，最佳策略不是在相同位置與前輩硬碰硬，而是錯開它，在新的位置競爭。

舉例來說，職場上，老員工的經驗足、工作較熟練，在這個面向，新員工很難短時間內超過老員工。這就是為什麼雖然很多企業不講論資排輩，但新員工依然很難勝過老員工的原因。這是不是代表新員工完全沒有機會？當然不是。新員工除了要向有能力和經驗的老員工學習，不斷提升自己之外，沒必要在這些面向，與老員工硬碰硬，而應當在其他面向尋找競爭力。

1. 工作熱情

老員工普遍對工作缺乏熱情，而新員工剛到新環境，覺得一切都很新鮮，願意探索未知，充滿對成功的渴望，比較有激情，更願意付出。新員工如果保持這份熱情，不讓它隨時間消退，就能在這個面向優於老員工。

2. 未來重點技能

老員工熟練掌握的技能，通常是企業當前需要的。然而，企業未來需要的重點技能，老員工並未掌握，因此就這些技能而言，老員工和新員工的起點一樣。新員工可以著重學習和磨練這些技能，尤其對企業未來發展有決定意義的技能，更要優先學習和掌握。

3. 外部學習

老員工對工作駕輕就熟後，學習和成長的意願普遍減弱，在工作穩定後，缺乏接受外部學習的主動性。新員工可以抓住外部學習的機會，例如：深造、考證、培訓等，讓自己的能力更多元，眼界更開闊，格局更大氣。

我進入管理領域時，也採用錯位競爭策略。我之所以選擇在圖書和線上課程做突破，正是因為這個領域中，有的管理名師只耕耘實體市場，有的只具備很強的線上勢能，他們都只在單一地方有很好的口碑和很強的影響力。

如果你在世界五百強企業當上人力資源總監，有十五年工作經驗，你會如何打造個人IP？有人覺得這個基礎條件已經很好，閉著眼都能成功，但其實遠遠不夠。網際網路給每個人相同的機會，幾乎人人都可以藉由網際網路打造個人IP，但要在某個領域崛起，則需要更強的競爭力。

用世界五百強企業人力資源總監的頭銜？粗略估算，中國擁有這個頭銜的不下三萬人，同樣想打造個人IP的人不在少數，你的競爭力並不顯著。用十五年工作經驗？在管理領域，有三十年以上經驗的專家比比皆是，六七十歲還活躍在培訓與諮詢第一線的管理名師大有人在。你怎麼和這些人比？

我的策略是透過出書和做線上課程，與市場內成熟行業的名師形成差異，累積勢能並打造競爭力。

- 截至二〇二一年，我已出版二十多本著作，出書量是中國人力資源管理領域個人IP出書量的第一名。
- 我的著作三年總銷量超過三十萬冊，是中國人力資源管理領域個人IP銷量的前段班。
- 我的付費線上課程播放量超過一百萬次，免費線上課程的播放量超過五百萬次，位居中國人力資源管理類線上課程銷量的前段班。

06 突破法則

為了跳脫困境，運用3種方法開闢新局面

突破法則：做事走進死巷時，跳出這件事所在的局，能進入一個更大的局。

每個人都身處在某個局中，當人們在局中做某件事走進死巷，不知道該怎麼辦時，跳脫這件事所在的局，往往能邁入一個更大的局。跳到局外，突破現在的困境後，會看到另一番局面。

❖ 破解零和賽局，難事越做越簡單

我在大學開的奶茶店轉型成功，讓我一度以為自己是經營天才，但當我沉浸在勝利的喜悅時，市場卻從未停下發展的腳步。

我可以改變經營模式，別人也可以，我將奶茶定價為一杯四元，供貨給學校，A、B、C都可以訂得更低，這樣發展下去，原來的問題又出現了。我陷入痛苦中，因為門檻低，這個市場很快處於充分競爭，形成零和賽局（注：一方得利必然意味著一方損失，雙方無合作可能）。最後，所有人都把價格壓到最低，大家都想賺錢，結果誰都賺不到錢。

商業困境再次出現，我必須進行更有深度的思考來突破。反思後，我認為一切始於低門檻，遲早會終於低門檻，如果我一直身處在這個局中，便永遠無法突破。於是，我在競爭的苗頭出現，還沒進入白熱化時，把奶茶生意的所有資料和資源都轉讓。當然我想過走品牌化、連鎖化，透過「燒錢」贏得競爭，但是這不適合那時候的我。

多數人喜歡在簡單的事和正確的事之間做決策，然後選擇簡單。在商業世界裡，

開始時做起來簡單的事，做著做著會越來越難，因為所有人都可以簡單地開始，但不久後會發現周圍全是競爭者，就像如今的線上課程。

線上課程的發展從二〇一六年開始進入上升期，我在二〇一七年年底開始做線上課程。二〇一八年前，線上課程的市場發展迅速；二〇一八年後，市場趨於平穩，但內容品類百花齊放、百家爭鳴，但也泥沙俱下。為什麼會這樣？主要原因有兩點。

1. 門檻低

製作線上課程的門檻，遠低於製作出版物和實體課程，似乎每個人都能被包裝成名師。但是，如何解決專業性的問題？只要東拼西湊一些理論知識，編些好玩的段子，按照範本填滿內容，課程聽起來也有模有樣。

2. 沒有規範

線上課程雖然有套路可以遵循，但沒有行業規範和標準，於是瞎搞當創新、膚淺當精煉、離題當有趣。很多劣質課程將重心放在課程包裝和免費試聽，但內容一言難盡。

那麼，線上課程不值得做嗎？當然不是，在做之前要想清楚、設計好。做正確的事，開始時都不簡單，甚至很難，但做著做著會變簡單。因為難，別人不願起步、不敢行動，即使開始也很難堅持，不久後，競爭對手反而越來越少。做簡單的事，雖然開始時簡單，但做著做著會變難。因為簡單，誰都能做，於是很快出現大規模競爭，這時再想競爭優勢已經晚了。

別做簡單的事，做正確的事。難不是壞事，而是好事。現在花費的每一分難，將來都會成為自己做成事情後的競爭優勢，成為門檻、壁壘，甚至別人難以跨越的牆。難不等於做不到，你可以把問題分解，把戰線拉長。別總是把目光放在難，要多思考如何做到。世界上沒有哪座山比人高，沒有哪條路比腳長。

❖ 身處局外，無法體會局內人的感受

我二十八歲時認識我的妻子，在三十一歲結婚，三十五歲時孩子出生。朋友當中，我結婚較晚，孩子出生也較晚。與恐婚族和頂客族一樣，我曾想過一輩子不結

婚、不要孩子。結婚前，我有些恐婚，恐婚的原因有兩個。

- 我家庭狀況不好，也沒存多少錢。我自己的未來都風雨飄搖，有什麼資格成家？
- 我比較喜歡獨處和自由，婚後再也不能想去哪就去哪，要考慮妻子，還要兼顧她的家人，生活有了約束。那樣會不會不適合我？

關於第一個問題，我的妻子很開明，她說不結婚也沒關係，如果想結婚，沒錢也沒關係。關於第二個問題，我反覆思考，想過各種婚後生活不開心的場景，腦中模擬無數次婚後生活的痛苦畫面。但是，我的妻子當時年紀也不小了，我拖著對她不負責，最後還是選擇走入婚姻。

結婚後，我沒有覺得生活比婚前差。上班前，我送她到公車站；下班後，我接她一起回家，我們在路上聊些生活瑣事。那時候，生活條件不太好，一週頂多吃一頓好料，所謂好料也只是便宜火鍋。對於這種淡如水的生活，我沒有任何不滿，反而覺得挺不錯。

婚後不久，家人、朋友、同事輪番上陣催我們生孩子。當時我覺得，沒有孩子多好，我和妻子可以過二人世界，想去哪就去哪，而且養育孩子的過程很辛苦，有了孩子必然會產生很多煩惱。

有次坐計程車，我和司機聊天。司機問我：「有孩子嗎？」我說：「沒有，也不想要。」司機說：「那怎麼行？你看我有兩個孩子，老二剛兩歲。我跟你說，有孩子後可有意思了。我做這個工作，每天回家後都很累，但見到孩子，聽孩子喊我一聲爸爸，一天的疲憊都消失了。」

我心想：「我要不要孩子，關你什麼事啊」，不過看到他說得投入，眼裡彷彿能放出光芒，便不好意思打斷，只能默默點頭表示認同，聽他講養育孩子的故事。

我連續幾次坐高鐵，都遇到有小孩一會兒跑跳，一會兒哭鬧，搞得我心煩意亂。我看到這些家長束手無策，心想自己若有了孩子，以後生活一定很難過。回家後，我對妻子說：「我可能真的不喜歡小孩，我們做頂客族吧？」妻子說她一切聽我的，只要我能頂住家人的壓力，而且年紀大了後別後悔就好。

後來有次同學會，同學們帶著孩子，我看到這些孩子都挺乖的，還有點可愛。我開始反思，自己是不是過分想像有了孩子後的不好，忽略了好。而且，這些不好都是自己想像的，真實情況會和想像的一樣嗎？最後我決定生孩子。

孩子出生後，我和妻子都圍著孩子轉，沖奶粉、換尿布這些事並不難，最難的是晚上睡不好覺。我曾想像關於小孩的煩惱真的出現了，因為父母總要經歷這些避不掉的階段。

有意思的是，在白天累了一天，晚上經常被吵醒的生活中，當我看到孩子朝自己笑，感覺心都融化了，一切疲憊在這一刻彷佛全都消失。我才體會那個司機話中的涵義，原來這就是身為父母的樂趣。

除非入局，否則局外人永遠無法體會局內人的感受。沒結婚前，對婚後生活的一切想像，不論好壞，都是局外人的看法。沒有孩子前，對有孩子後生活的一切想像，不論好壞，也是局外人的看法。

局外人很難理解局內人，就像孩子玩遊戲很開心，我們會想有那麼好玩嗎？當親身參與、全心投入，和孩子一起玩，又覺得很好玩、很開心。

身處在局內時，人們會自然地感知局內的一切。身處在局外時，就算再努力，也只能憑主觀想像揣測局內。當我們想全然理解某個事物時怎麼辦？最好的辦法是站在局內感知，而不是站在局外觀察。

❖ 當局者迷，透過2種方式走出迷局

當人們身處在局中，挽起袖子做事時，很容易不識廬山真面目，忘記可以跳出這個局來思考問題。局內人的行為與局中的規則關係很大，如果不懂得升維思考，很容易陷入局中無法自拔。

很多家長在沒有孩子時，會說如果有了孩子，一定不要讓孩子活得那麼累，參加那麼多補習班。在有了小孩後，當孩子開始上學，家長發現周圍的孩子琴棋書畫樣樣通，自己的孩子什麼都不會時，家長的想法會改變，連忙為孩子報名各種補習班。

為什麼很多家長沒有孩子時是一種想法，有了孩子後又是另一種想法？因為人是善變的動物嗎？不是，因為沒有孩子時，家長沒有進入教育孩子的局，而有了孩子後，不論家長想不想，都會被拉進其中。

很多家長為了好的教育資源，背負巨大的經濟壓力，對孩子的學習期望變得特別高，無形中使孩子背負巨大的學習壓力。讓孩子過早體會這些壓力，對成長是好事嗎？當家長們身處在爭奪教育資源的局中，很難跳出這個局，看有沒有更好的方法解決升學問題。對此我有以下幾點看法。

1. 升維思考，瞬間突破局面

讓孩子上更好學校的目的，是為了讓孩子獲得優良教育資源，從而提高學習品質，將來上更好的大學。要達到這個目的，一定要買學區宅嗎？當然不一定！優良教育資源可以透過多種方式獲得。舉例來說，就讀有口碑的國際學校或私立學校，雖然學費較高，但高學費往往承載著高品質教育，取得的實際教育成果可能更大，而且費用比買學區宅還要少。

2. 深入思考，更加透徹

繼續往下思考，會想得更透徹。獲得高學習品質、上更好的大學的目的是什麼？為了將來獲得更好的工作機會、進入更好的公司，從而過著更好的生活、擁有更高品質的人生。回頭想想，過著更好的生活、擁有更高品質的人生，真的與買學區宅有關嗎？

入局前，不要盲目遵循這個局的表面規則，而要先升維思考，因為在深入思考後，往往能發現問題，從而做出正確抉擇。

07 邊際法則

擅長規劃成本，一份努力獲得多份回報

邊際法則：做邊際成本低的事，讓自己付出一份努力，就能持久地多次獲得回報。

經濟學中的邊際成本，在個人價值變現中同樣適用。人的每個行為在對應某種預期收益的同時，也對應某種成本或付出。成本是投資，收益是回報，因此人的每個行為都可以計算投資報酬率。

很多時候，人們付出一份努力，只能獲得一份回報，但在有些情況下，人們付出一份努力，不僅能獲得多份回報，而且可以持久地獲得回報，代表這份努力的邊際成本很低。所以，盡可能做邊際成本低的事，只要付出一份努力，就能持久地得到多份回報。

❖最保值投資標的是自己，能終身獲利

我有個親戚做生意賺大錢，已經實現財富自由，但他認為錢總會貶值，因此在房地產發展的黃金時期，購買許多店鋪出租，既解決貶值問題，又解決投資問題。那時候，他的決策是正確的，因為做生意很累，而且風險大。他的資產乘著房地產發展的春風，而水漲船高。他看形勢一片大好，四十多歲就退休收租，不再做生意了。

我在創業前，跟他談論我的大致想法。他聽到我將以寫書起步後，非常不屑地說：「寫書能賺多少錢，還是不動產可靠。」

隨著網際網路崛起，房地產的熱度衰退，店鋪的行情越來越差，漸漸租不出去，也賣不出去。反觀我後來每月的稿費，比他收的房租還要高。

經濟有週期波動，三十年河東，三十年河西。什麼是最優良的資產？什麼是最保值的投資？不是房地產、股票、貴金屬，而是投資自己。**讓自己的能力成為最有價值的資產，才能持續變現，並終身受益。**

什麼是投資自己最好的方法？

對於沒有資源優勢的普通人來說，寫作可能是最合適的方法，因為寫作是一種技能，可以讓人成長，而且具備低邊際成本的特性，能讓人付出一份努力，就獲得多份回報。

時間是稀少資源，在時間面前人人平等。我們每天有二十四小時，去掉吃飯、睡覺、娛樂後，真正用來創造價值的時間很有限。利用時間有以下三個層次。

1. 利用自己的時間

這種情況多見於普通上班族，每天工作八小時來賺取薪資。精力充沛的人有副業，利用工作之餘多賺一些錢。這樣做的優勢是付出就有收穫，劣勢是時間有限，收入也有限。

2. 利用別人的時間

這種情況多見於公司老闆，他們招募員工，購買員工時間，讓員工為他工作。透過員工強化自己的能力，讓效率顯著提高。這樣做的優勢是可以讓回報呈指數成長，來擴大利潤；劣勢是虧損機率大，一不小心就損失慘重。

3. 購買老闆的時間

這種情況多見於投資者，他們站在更高層次，投資可信賴的老闆，讓其公司規模迅速變大，以從中賺取投資報酬。這樣做的時間難度更高，投資者不僅要很有錢，還要禁得起失敗，因為投資一百個項目，成功一個就很不錯了。

在利用時間的三個層次中，利用自己時間的普通人只能做一份工，賺一份錢，完全不能偷懶。如果哪天不想工作，想遊山玩水三個月，這段期間就會完全沒有收入。如何破解這個難題？寫作是個絕佳選項，原因如下。

1. 跨越時間

寫作的內容能流傳很久。經典文學作品可以一直流傳下去，被後人持續傳頌。

2. 跨越空間

未來，資訊交流將越來越方便。理論上，文字只要發到網路上，就能觸及網路中的所有人。透過網路，在某個空間生成的文字，能傳到全球任何有網路的角落。

3. 知識有多種呈現形式

如今，知識可以有很多種媒介，例如：文字、音訊、影片等。如果知識是優良的，可以被反覆使用。不僅如此，知識還可以跨平台發布，我們將同樣的文字內容發布在多個平台上，每個平台都有不同的受眾。

所以，寫作能讓人們不受時間、空間及形式的限制，能讓文字跨越時空、突破媒介。

❖ 寫作是我擁有多份收入的利器

我身邊有些寫書的朋友只會老老實實地寫書。

一個工具類暢銷書作家曾經問我：「我看很多人在做課程，我要不要也做呢？」我提出意見：「如果寫書，一定要同時做課程；如果做課程，一定要同時寫書。」

為什麼？因為書的內容、線上課程的逐字稿、實體課程的教材皆可以互相轉化。只要付出一次後，就能將得到的內容應用於多種產品，不僅能降低成本、提高收益，而且可以擴大影響力。

我的線上課程在人力資源管理品類中名列前茅，怎麼做到？兩個字——量大。

1. 品類豐富

圖書加線上課程可以豐富品類，完善產品線，增加影響力。不計算免費課程，我的線上課程共有十二套，既有音頻課程，也有影音課程，而一套課程包含五百二十堂課，九十多個小時。

2. 多平台投放

品類多能實現多平台投放，擴大覆蓋範圍。我的線上課程，在十五個線上教育平台和五個綜合學習平台上投放，形成圖書加線上課程的模式。如果想讓線上課程盡可能覆蓋全網，只與一家線上教育平台合作是行不通的。目前，在線上教育方面，沒有一家獨大的平台，市場分布比較平均。如果只與其中一家合作，就等於放棄另一部分的市場。

這一點與我的實體課和諮詢類似，與圖書不同。就圖書而言，我與一個策劃人、一家出版社合作，幾乎可以讓圖書觸及所有的主要消費者。但是，線上課程需要與多個平台合作，才能實現全網投放。為什麼要全網投放？因為這樣可以盡可能觸及消費者，使存在最大化。我的目標是，如果你是人資，你可以不買我的圖書或課程，但你不可以不知道我是誰。

知識內容產品具有互通性，圖書和課程是好搭檔。書能作為課的教材，為課賦予勢能，課能在書的基礎上創造更高收益。因此掌握寫作能力，能擴展多份收益。

❖ 為何能與投資大師蒙格，建立人際網絡？

一九六四年，英國BBC電視臺播出一部紀錄片《人生七年》。導演麥可．艾普特（Michael Apted）採訪英國不同階層的孩子，有的來自孤兒院，有的來自上流社會，而且每隔七年，導演會追蹤這些人的近況。

很多人看完這部紀錄片後，感慨社會階層的僵化。這部紀錄片彷彿在傳達這樣的道理：「龍生龍，鳳生鳳，老鼠的孩子會打洞」。人的出身決定未來發展，社會階層似乎很難打破。但是，很多原本生活不如意的人透過寫作，改變自己的階層，讓自己實現跳躍式發展。

《哈利波特》的作者J．K．羅琳（J.K. Rowling）出生在英國的一個普通家庭，父母都是普通的受薪階層。羅琳在寫出《哈利波特》之前，曾是無業遊民，與女兒住在一間簡陋的小公寓裡。當時，沒有收入的她靠微薄的失業金，養活自己和女兒。

再說說發生在我身邊的事。

我有一個朋友的朋友（以下稱M），他的主要身份是北京一家三十人規模公司的總經理，另一個身份是暢銷書作家，在一個知名學習平台上有課程。在此之前，M只是一個讀者，剛進職場不久，跟著前輩在職場上打拚，現在他是查理・蒙格（Charles Munger）在中國的合夥人之一。蒙格是巴菲特的搭檔，兩人聯手打造波克夏・海瑟威公司（Berkshire Hathaway）的投資神話。

我朋友回憶起M時，說他們曾經舉辦過一場學術研討會，參與的每個人都要說出一個和興趣相關的大目標。M說自己對思維模型很感興趣，因為它非常有利於解決問題。思維模型這個詞正是蒙格發明的，所以M訂立一個大目標，要在有生之年，與蒙格建立關係。

那時候，在場的人都不相信M，因為當時他只是個普通人，而且蒙格已經九十歲了。一個普通的年輕人可以一邊奮鬥，一邊等待與蒙格建立關係，但誰知道蒙格能不能等呢。沒想到他的這個大目標真的實現了。

M是如何實現目標？他當初也不敢相信這個目標能實現，但因為有了這個宏大的目標，他做決策、做事情時，都朝著這個方向前進。他做的第一件事，就是寫出一本關於思維模型的暢銷書。

從撰寫這本書開始，M與蒙格之間就形成某種聯繫。從他的書上市到暢銷，他與蒙格的距離越來越近。蒙格會知道他，並對他產生興趣，這本書發揮很大的作用。據M說，他現在看世界的眼界和高度，已經與以前完全不同。

08 複合法則

將不同能力融合延伸，讓自己脫穎而出

複合法則：將不同的單一能力組成複合能力，便能擁有強勢的競爭力。

當單一能力無法提供足夠的競爭力時，可以引入其他能力，將不同能力疊加、融合、延伸，形成複合能力，進而獲得競爭力。複合能力的競爭力較強，運用得當能創造一加一大於二的綜效。

❖ 你的興趣愛好，可以為專業技術加成

想讓自己的專業更有競爭力，可以將興趣愛好融入其中。

有個朋友向我諮詢，說他在法律領域有近二十年的經驗，剛開始做自媒體，想透過自媒體讓更多人認識自己。做了一段時間後，他發現單純的法律內容不夠吸引人，而他對心理諮商很感興趣，所以正在考慮，要不要在自媒體上寫一些心理諮商的內容，或者轉行至心理諮商領域。

我給他的建議是**千萬不要丟掉自己的專業**，雖然法律的內容在自媒體相對不吸引人，但這是他的標籤，除非他決定轉行，以後不再接觸法律相關的事務，否則這個標籤會一直跟著他。他在法律領域做了近二十年，轉行顯然不明智。

他應該放棄感興趣的領域嗎？不用，心理諮商恰好能豐富他自媒體的內容，成為加分項。他可以繼續聚焦法律領域，用法律加上心理諮商，形成內容或產品的優勢，而非直接轉向心理諮商領域。

朋友採納我的建議，後來他在法律諮詢過程中，運用很多心理諮商技巧，發現過程進展得很順利，比冷冰冰的法律諮詢有人情味，客戶也很喜歡。心理諮商的愛好讓他具備複合能力，建構在法律領域的差異化優勢，提升他的競爭力。

同樣地，在第五十頁的案例中，我建議S堅持自己的專業，也就是兒童英語教育領域。她愛好的讀書領域需要放棄嗎？不，讀書可以成為她內容的加分項，兒童英語教育加上讀書，可以建構差異化優勢，提升她的競爭力。

複合能力的加成也能展現在休閒娛樂。很多人覺得休閒娛樂浪費時間，因為休閒和娛樂不會產生價值，對主業沒有幫助。這樣想有些狹隘，其實休閒娛樂可以作為一種複合能力的加成。

我一度被認為是網癮少年，上小學時沉迷遊戲，寫完作業就往電子遊樂場跑。家用遊戲機興起後，我天天到朋友家報到，因為他家有家用遊戲機。後來有了網咖，我開始玩電腦遊戲。直到今天，我平均每天花三十分鐘玩遊戲。不僅如此，我的休閒娛樂還有看漫畫、看電影。

玩遊戲、看漫畫、看電影是浪費時間嗎？如果把它們當成與主業對立的事情，確實是浪費時間，但如果把它們與主業結合，可能發展出別人不具備的複合能力。

1. 遊戲＋

為什麼很多人愛玩遊戲？這是我發現自己沉迷遊戲後一直思考的問題。別人玩遊戲只是玩，我除了玩之外，還觀察遊戲的整體設計，包括規則、故事、人物，最關鍵的是遊戲為什麼吸引人。

後來我發現，遊戲的本質是一種精神激勵法，這種精神激勵遠比物質激勵更有效，我將其總結成一套方法論，用在經營管理上。結合我對經營管理的專業理解，以及這套精神激勵的方法論，我對如何激勵別人有更深層的理解，所以能推出相關的書籍、線上課程及實體課程。

2. 漫畫＋

雖然我不會畫漫畫，但我一直想把漫畫與專業結合。漫畫的生動形象非常直觀，即使不喜歡看文字的人也能從中獲得知識，而且能快速理解知識，讓記憶更深刻。

漫畫加上知識的形式近幾年在自媒體和圖書領域都有成功案例，這種模式也被驗證可行。所以，我推出了一系列圖解書，透過漫畫加上方法論加上案例的形式，把難懂的管理知識予以圖示化、結構化，生動地表達出來，受到市場歡迎。

3. 電影＋

很多人喜歡看電影，雖然多數電影是娛樂產品，但其中不乏有教育意義的故事。透過看電影，人們從人物和故事中悟出道理。電影可以與經營管理領域掛鉤嗎？當然可以。很多電影中的經營管理方法論，都可以作為管理培訓的內容。

我開發實體課程時，為了增加趣味性，會刻意剪輯一些電影片段作為教材，或者透過口述，與學員一起討論某部電影的情節，讓學員獲得知識和感悟。在這種培訓方式下，學員會感覺輕鬆愉快，培訓效果也比傳統講授式更佳。

此外，遊戲、漫畫及電影深受年輕人喜愛，瞭解這三個領域，能讓我與年輕人有共同語言，迅速拉近我與年輕人的距離。

由此可見，興趣愛好可以在主業的基礎上，作為能力加成，為核心領域中的能力錦上添花，建構差異化優勢，讓我們獲得獨特的競爭力。

❖如何發揮疊加效應，強化競爭力？

經營管理領域的實體課程市場已存在多年，管理名師多如繁星，這些名師與實體課程機構已建立穩定合作關係。我如何在這個領域的市場中取得突破？

實體課程與線上課程除了都對勢能有要求之外，運作邏輯完全不同。線上課程以ToC（對個人）為主，受到流量的影響較大；實體課程以ToB（對企業）為主，受到管道和資源的影響較大。

雖然我在經營管理類圖書和線上課程的品質與數量上，具備競爭力，但實體課程市場有自己的規則，不是你強你上，而是別人選你，你才能上。我如何在實體課程市場脫穎而出？我將自己在圖書和線上課程領域中形成的經驗，平移到實體課程領域，與我在此領域的能力形成疊加效應，進而獲得競爭力。

1. 勢能

我曾與多家管理諮詢機構合作一些專案，經驗豐富，由這些經驗凝聚成的知識，原來是透過圖書和線上課程的形式展現，其中不乏各種知名企業的專案案例。這些內容能不能應用在實體課程？當然能。這也讓我具備為知名企業方法論背書的勢能。

2. 穩定

我能持續寫出暢銷書、推出銷量高的線上課程，已證明我能穩定輸出優良內容。這種穩定性當然也能在實體課程領域展現。我可以保證每次實體課程的效果：學員對課程的評價良好、形成口碑效應，而且學員會回購。

3. 價格

我在圖書和線上課程領域的收入很高，如果按照單位時間價值計算，我在經營管理領域實體課程市場中的定價也會比較高。儘管我與機構談了長期合作的優惠價，然而和其他講師相比，價格仍不算便宜。不過，對於機構來說，選擇我這個水平的講師，性價比會比較高。

基於以上三點，我與實體課程機構的合作非常順利。

此外，如何保證課程的效果？不僅站在學員的角度，講解他們最關心的實戰問題，還從「比較優勢」的角度入手，也就是講得比其他管理名師更好。管理名師可能有哪些缺點？

- 一直講課，長期脫離實務，內容不實用。有的管理名師還在講多年前管理學課本的內容，陳腔濫調、人云亦云。
- 只會講管理，不懂經營。老闆首先要賺錢，其次才考慮如何透過管理賺錢。很多管理名師從未真正體會老闆的感受，坐而論道易，起而行之難。

要搶佔市場，必須擁有比較優勢。中國知名相聲藝人郭德綱的相聲為什麼紅？除了獨特的表達技巧，優質的內容是關鍵。郭德綱不須創作世界上最好的相聲作品，只須穩定、持續地創作出比大多數相聲藝人作品還要好的作品，就擁有比較優勢。

如果按照單位時間創造的價值計算，對我來說，與實體課程機構的合作價格其實是賠錢的。但是，我為什麼還要跨足實體課程？因為我要接觸不同領域，透過講實體課程鍛鍊自己，保證自己的複合能力具備疊加優勢。

寫書主要鍛鍊總結能力和文字表達能力，線上課程主要鍛鍊知識提煉能力和語言表達能力。實體課程得直接與學員面對面接觸，豐富的知識累積和優秀的表達能力都是基礎，要將課程講好，需要的能力更加多元。但是，很多講師只會講實體課，不會寫書、講線上課程，也不會做管理諮詢專案。

如果我可以把書寫好，可以把線上課程和實體課程講好，還可以把管理諮詢專案做好，代表我擁有了提供經營管理類知識服務所需的全部能力。這種複合能力形成的疊加效應，能夠為我創造非常強的競爭力。

❖ 透過多面向複合，建構強勢能與影響力

有次我問十歲的小外甥：「你知道梅蘭芳是誰嗎？」

小外甥說：「知道呀，是京劇的祖師爺。」

我馬上糾正他：「梅蘭芳先生不是京劇的祖師爺，是京劇大師。」然後我問他：「你還知道別的唱京劇比較有名的人嗎？」

他想了很久，說：「沒有了。」

這也許是年輕人對京劇的認知現狀。梅蘭芳先生勢能極強，能名垂青史，凡是知道京劇的人，都知道梅蘭芳，以至於我的小外甥誤以為他是京劇的祖師爺。歷史上那麼多京劇名角，為什麼只有梅蘭芳的名氣最大？梅蘭芳是如何成為京劇大師？

梅蘭芳的硬實力擺在那裡，唱功、身法等表演技藝一流，無庸置疑。具備一流的表演技藝，是成為大師的基本條件，但不代表具備這些就能成為大師。實際上，在梅蘭芳之前、同期及之後，都有不少京劇大師。而且，據說在梅蘭芳成名前，大多數人更喜歡老生（京劇中的老年男性角色），而梅蘭芳主要唱旦角（京劇中的女性角色）。

梅蘭芳的過人之處在於，他是輸出京劇文化的第一人。梅蘭芳曾在無人資助的情況下，毅然決定自費出國演出。他訪問過許多國家，將京劇文化輸出國外，讓更多外國人瞭解京劇。

一九三〇年，梅蘭芳訪問美國時，與美國的派拉蒙影業（Paramount Pictures）合作，拍攝京劇和昆曲的節目，開創京劇影視化的先河，讓原本必須到現場才能聽到的京劇，能穿越時空被更多人接觸。

梅蘭芳的京劇文化輸出，讓很多外國人一提起京劇代表人物，只知道梅蘭芳。除了主動訪問外國，梅蘭芳也積極接待外國來訪名人。著名詩人泰戈爾訪問中國期間，與梅蘭芳結下深厚的友誼。梅蘭芳曾為泰戈爾做專場演出，泰戈爾也現場賦詩一首，並將詩寫在紈扇上贈予梅蘭芳。

藉由京劇文化輸出，梅蘭芳擁有獨一無二的標籤和影響力。深厚的藝術底蘊加上積極的文化輸出，形成多面向的複合能力，讓梅蘭芳具有一股跨越時空的超強勢能，成為大多數人心中的中國京劇第一人。

本章重點整理

- 初入新領域，不急著與領域的主要矛盾拚個你死我活，要在夾縫中尋找自己的優勢，以自身特質獲得獨特的競爭力。
- 想要打破局面，不能做簡單的事，反而要做正確的事。經過透徹思考再入局，比身在局外或盲目入局能更快做出正確的抉擇。
- 對沒有資源優勢的普通人來說，寫作可能是最適合投資自己的方式。
- 想要脫穎而出、增加競爭力，必須讓自己擁有多元的複合能力，即使休閒娛樂也能建構複合能力、增強勢能。

NOTE
/ /

第 3 章

把逆境化做助力，就能勇敢突破困境

成長過程中難免遇到挫折、陷入逆境。不同的是，有人被逆境打倒而一蹶不振，有人深陷泥潭也勇往直前。只要不斷學習，每個人都具備逆境翻盤的能力。當身在谷底時，不要灰心放棄，因為接下來不論怎麼走，都是在走上坡路。

09

牛頓法則

在正確的地方施力，破解嫉妒和排擠

牛頓法則：人際相處與三大運動定律，有異曲同工之妙。

牛頓力學有三大定律。

1. 第一定律（力的涵義）

力是改變物體運動狀態的原因。一個人往哪個方向用力，就會向那個方向偏移，進而獲得相應的結果。如果往正道用力，將產生正面結果；如果往邪道用力，將產生反面結果。

2. 第二定律（力的效果）

力能夠使物體獲得加速度。加速度有好有壞，積極的加速度是正能量，有助個人發展；消極的加速度是負能量，對自身無益，應當遠離。

3. 第三定律（力的本質）

力是物體之間的相互作用。世界上的一切力都是相互作用的，無論行善還是作惡的力，皆是如此。對人施以善舉，必得福報；對人施以惡行，必食惡果。

❖ 力量在哪結果就在哪，怎麼用對方向？

牛頓力學第一定律說明：一個人把力用在哪，結果就在哪。

我在職場時，一個「老油條」同事當著主管的面說：「任康磊工作出色，能不能整理自己的經驗、方法，讓同事們學習呀？」

我乖乖把東西整理出來並分享。後來那老油條說：「這小子把經驗、方法都教給我們，看他以後還有什麼利用價值！」

我創業後，有個諮詢公司老闆對我說：「有個專案要考驗你的能力，你整理這個專案相關的方法論，寄給我看吧！」

我乖乖把六百多頁ＰＰＴ全部發給他，但那個老闆再也沒聯繫我。之後，我看他的社群，發現他大概已接了那個專案，因為他的個人簡介裡放著我的ＰＰＴ。

後來，我成為暢銷書作家、人力資源管理領域的頂尖ＩＰ，商務合作不斷。那個老油條同事一切照舊、安於一隅，那個諮詢公司老闆的生意越來越冷清，已經瀕臨破產。

試想一下，如果那個老油條同事在我分享心得後，把心力用在與我一起研究，這些經驗、方法哪裡需要補充和完善，如何一起把工作做好，他至少也能成為總監等級。如果那個諮詢公司老闆不是想著剽竊我的知識成果，而是把心力用在與我一起開拓市場，結果也不會是現在的樣子。

別把力用在邪門歪道上。但是，面對嫉妒和排擠我們的人，是不是要堅決反擊呢？倒也不必。

牛頓第一定律對每個人都適用，把力用在哪，結果也會在哪。要把力用在對我們不好的人或事，還是把力用在對我們好的人或事？當然是後者，前者毫無益處。千萬別把力用錯方向。

以前我任職公司裡，有個大學一畢業就入職的女同事，她不僅工作勤快、聰明伶俐且任勞任怨，非常有潛力。我曾有意培養她當儲備幹部。

然而一年後，她的工作狀態明顯鬆懈。在一次面談中，我關心她的近況，她和我談起一個老同事。那個老同事欺負她是新人，不但排擠她，還把事情都丟給她做，而她好不容易完成工作後，老同事卻將功勞據為己有。她邊說邊向我列舉許多證據。

我以自己之前在職場的遭遇，勸她盯著個人目標，把心力用在增強個人能力，那些沒安好心的人終究會被淘汰。半年後，我將那個老同事請出團隊。但是，她的工作狀態不僅沒改善，還每況愈下，她學會得過且過、混水摸魚且敷衍了事。於是，我默默將她移出儲備幹部的行列。

沒多久，一個新人找我訴苦，說他被老同事排擠，那個老同事把工作都丟給他，搶走他的功勞，又不負任何責任，並列舉事實證據。那個排擠他的老同事，正是她。她最終活成自己最討厭的樣子，我只好將她請出團隊。

討厭一個人時，不應把注意力放在討厭的人身上。我們要做的是保護自己，把所有注意力放在壯大自己，而不是放在不想要、不喜歡的方向。

如果大家都在同一個面向競爭，互相討厭、踩踏或傷害，最後誰都過不好。如果我們率先脫離這個面向，走自己的路，不受這些人影響，專心發展和提升自己，幾年再回頭看，就會發現這些人大多已經看不見了。

❖ 遠離負能量的人，為自己創造加速度

牛頓力學第二定律說明：不要被別人的力牽著走，要為自己創造加速度。

最初我在網上發表文章時，很在意網友的留言。如果有人對我惡言相向，我一定要和他爭個輸贏，結果評論區成為打口水戰的地方。有一次，我把爭論的前因後果寫成一篇文章，發在社群上，結果對方沒再回應，我沾沾自喜覺得自己贏了。回過神來，我才發現自己為了贏，查閱資料、引經據典、斟酌語言，竟浪費好幾天時間，太得不償失了。

人很容易被小我控制，想與他人鬥輸贏、爭結果。在這種爭鬥中，我們實際上是不停地給自己灌注負能量，灌注得越多，反而越難抽身。當我與對方對抗時，證明我心中的某個角落認為，對方可能是對的，我想在這個抗爭過程中說服自己。

後來，我學會遠離「負能人」。所謂負能人，指的是自身存在很多負能量，需要找地方傾吐的人。這類人身上充滿算計、抱怨、不滿、嫉妒、報復、沮喪、憤怒、仇視、煩惱等負能量，而且無論看到誰都想要傾倒。當我們靠近他們時，他們會一股腦兒把負能量往我們身上丟。

負能人的宗旨是把負能量傳遞給別人。與負能人認真，損失的只會是自己。

我曾和一個朋友一起坐長途車，上車前站務員特別提醒要對號入座。我們上車後，發現自己的座位被兩個壯漢占據，也許是我們的座位靠前，視野和空氣都比較好的緣故。

朋友說了一句：「這裡是我們的位置。」一位壯漢馬上口氣不耐地挑釁：

「所以呢？」

朋友笑了笑，平和地低聲說：「您先別急，我沒有要讓兩位離開的意思，只是想問問兩位原本的座位在哪裡，我們去坐那邊，免得我們占到其他乘客的位子。」壯漢瞅了他一眼，告訴他座位號碼。

朋友和我到車廂尾端坐下來。我本想和這兩個壯漢爭辯，卻被朋友制止。我當時為朋友的軟弱有些羞愧，覺得車上看到這一幕的人一定瞧不起我們。

車開動時，我忍不住問朋友：「你如果怕，我可以跟他們理論啊。」朋友笑了笑，說多一事不如少一事。我當時不理解，現在想通了。當遇到負能人，最好的辦法就是敬而遠之，而不是迎頭而上。

有智慧的人絕不會讓負能人掌控自己生活的任何一分鐘。面對負能人，我們不必在乎這些人是誰，應當關心自己是誰，好好做自己，不受負能人影響。

❖ 怎麼應對無良同行？切記力會相互出現

我大學時，聽到郭德綱在相聲中，說一些關於同行排擠他的段子。我覺得他有些矯情，因為同行之間各做各的，何必說別人呢？後來，我發現是自己那時太年輕，同行之間確實會出現攻擊行為。

面對一些沒有商業道德的同行，該怎麼辦？

- 不要學那些吃相難看的人。客戶的眼睛是雪亮的，將「小丑」的所作所為都看在眼裡，而且會用行動投票。
- 覺得自己好就說自己好，千萬別透過說別人的不好，來顯示自己的好，市場自然會淘汰不好的。如果我們認為別人不好，客戶卻非常認可，我們得重新審視自己。
- 放平心態，別自亂陣腳，把心力放在滿足客戶需求。客戶是最重要的，我們要做好自己，服務好客戶。

不要主動傷害別人，也不必對傷害自己的人報之以惡。由於力總是相互出現，因此透過各種方式傷害別人的人，必然會傷到自己。「多行不義必自斃」，講的就是這個道理。

10 信念法則

要成為什麼樣的人，成敗都操之在己

信念法則：信念是人們做事的助力和推力，能否達成一件事，與自身信念有很大關係。

當人們堅信某件事能做成，成功機率會更大。當人們不相信某件事能做成，成功機率幾乎為零。不論我們想成為什麼樣的人，想做到什麼樣的事，首先要有信心，才有動力向目標邁進。

❖ 相信自己能做到，可以提高成功率

以下我用親身經歷和一個意念遊戲，來說明信念的強大作用。

我小時候因為貪玩，學習成績一直不好。我雖然知道自己不笨，但是對學習不感興趣，曾有幾次嘗試好好學習，卻沒什麼效果。眼看接近高中升學考試，家人為我的成績操心不已，苦口婆心地說事實、講道理，我卻完全聽不進去。

那時候，我覺得自己不適合學習，因為我很難集中注意力，況且每個人都有長處，我只是還沒有找到。所以，我對學習自暴自棄，不相信付出努力後，成績就會變好。

有一天，我吃完晚飯後，陪著爺爺奶奶在樓下乘涼。奶奶與我聊了一會兒我的成績，見我心不在焉，就教我玩一個意念遊戲，讓我對自己有了新的認識。讀者可以嘗試看看。這個遊戲分三步進行（見第117頁圖表A）。

1. 在這五分鐘內，你需要最大限度地維持專注，保證自己不被任何外界的人或事打擾。這一步很重要，需要確實做好心理準備。

2. 將雙手合十放在胸前，讓兩個手掌的下端對齊，兩根中指也要對齊。這一步要反覆確認，手掌下端和中指能否對齊。大多數人兩個手掌的下端對齊時，中指也能對齊。不過，有的人手指長短不一，這樣也沒關係，只需要保證手掌下端對齊，然後記住此時兩根中指的長短狀態。

3. 將眼睛閉上，想像左手的中指一直在變長，一直在生長，並在心中不斷默念「變長、變長、變長」，也可以直接念出來。

第3步非常關鍵，你要想像自己的左手中指，像金箍棒一樣變長，想像中指的骨骼在生長、延伸，想像它越來越長，越來越長，越來越長，持續五分鐘。在這個過程中，你要保證自己不被任何人或事打擾。這時候，一定要堅定信念並且專注，堅信自己的左手中指正在生長、變長。

做完這三步之後，再次比較兩根中指的長度，這時你發現什麼？

我做完這個遊戲後，驚訝地看著左手中指，它似乎真的變長。我沒想到信念的作用竟然如此強大，這讓我覺得，自己說不定可以考出好成績。怎麼做到呢？只要我在

圖表A 意念遊戲

學習時，能像在玩這個遊戲時一樣專注，並且堅信自己能學會並考好。我抱著這樣的信念，開始嘗試用功學習，後來成績真的越來越好。

人生中，很多事能不能成功，首先**要相信自己能成功**。

❖ 俞敏洪屢次失敗，終究讓公司在華爾街上市

新東方教育科技集團創辦人俞敏洪曾說，相較於他的北大同學，他只是一隻慢慢爬行的蝸牛。不過，他憑著盡力而為的韌性，順利度過每一個難關，在英語培訓領域特別有名。俞敏洪曾在文章中講述他的經歷。

為了走出農村，俞敏洪一連參加過三次大學入學考試。一九七八年第一次大考失利後，他在家裡幫忙插秧、割稻，做了兩三個月。後來，他國中的英文老師請產假，找不到人代課，校長聽說他大考是考外文，問他能不能教國一英文。當

時，老師的月薪二十多元，這個待遇在農村來說是很高的。於是，年僅十六歲的他成為代課老師。

他一邊複習一邊代課，八個月後，一九七九年的大考開始了。這一次，他的總分通過錄取分數，但英文只考了五十五分，而他想考的師專英文的錄取分數變成六十分，於是他再度落榜。這時候，英文老師生完孩子回學校，他只好再次回到農村。

第三次備考，他參加全職脫產學習（注：中國成人高等教育的一種學習形式，全天學習，時間固定）。他帶領同學一起拚命，早上帶頭晨讀，和大家一起背單字、背課文、做題、討論。晚上熄燈後，大家全都拿著手電筒，在被窩裡背單字。

這個班是一九七九年十月中旬開課，到隔年春節時，他的成績還排在倒數第十。當年寒假放了一個禮拜，他一天也沒漏掉學習，整天背課文。到了三月份，他的成績變成全班第一。在一九八〇年的大考，他考了三百八十七分（當年北京大學的錄取分數是三百八十分）。

他在北大學習期間，一直對兩件事感到苦悶，第一是普通話不好，第二是英文水準一塌糊塗，大學畢業時，他的成績依然排在全班最後幾名。但是，他有一個健全的心態，他知道自己沒有同學聰明，但能持續不斷地努力。

在畢業典禮上，他說了一段話，讓他的一些同學至今依然印象深刻。他說：「我是我們班排名後面的同學，但是我想讓同學們放心，我絕不放棄。你們五年做成的事情，我做十年，你們十年做成的，我做二十年，你們二十年做成的，我做四十年。」

有個故事說，能到達金字塔頂端的只有兩種動物，一種是老鷹，靠自己的天賦和翅膀飛上去。北大有很多老鷹式的人物，有的同學以普通努力的程度就能達到高峰，很輕鬆地在北大畢業後，又進入哈佛、耶魯、牛津、劍橋這樣的世界名校繼續深造。

還有另一種動物則是蝸牛，它只能緩慢地爬上去，從最底下爬到最上面可能要一、兩年。在金字塔頂端，人們確實找到了蝸牛的痕跡。

俞敏洪說，**人應當具有駱駝精神，而不是駿馬精神**。雖然馬做什麼都比駱駝快，但駱駝一生走過的路是馬的兩倍。品種優良的駿馬即使一刻不停息地奔跑，也總有一天會停止，而駱駝要走完沙漠中的漫漫長路，則需要具有非凡的韌性，並且它始終相信前方一定會出現綠洲。

他還講過一個關於麵粉的道理。一堆麵粉放在桌上，你用手一拍，麵粉就散了，就像大多數人面對挫折的心態。但如果在麵粉裡加一點水再拍，麵粉就不容易散了。如果再加點水，揉一揉，麵粉就變成麵團。這時候，無論我們怎麼拍，麵團都不會散，而且不會被輕易折斷。我們具備這種韌性，才能在社會上生存。

俞敏洪一直到今天，都把自己比作一隻蝸牛。他一直在爬，也許還沒爬到金字塔的頂端，但是只要在爬，就足以留下令生命感動的痕跡。

❖決定結果的不是命運，而是自證預言

有什麼樣的信念就會有什麼樣的行為，不同的信念導致不同的人生成就。當一個信念限制我們更好地提升，獲得更多可能性，取得更多收益時，它就變成限制性信念（limiting beliefs）。這種信念會直接限制一個人的行為，當你認為一件事不可能做成時，就不會採取行動，自然不會有什麼好結果。

大象在印度是用來搬貨的工具，當大象不需要工作時，工人用一條很細的繩子，就能把一頭近五噸的大象牢牢鎖在一旁，而它既不掙扎，也不叫喊，只會安靜地站著。為什麼？其實繩子不在大象身上，而是在它的腦中。

當大象幼小時，馴象師會用一條很粗的鎖鏈，把小象套住。經過這種長期訓練，小象在腦海中形成一個信念：我沒辦法逃跑。這個信念深深烙印在它的腦中，它即使成年後能輕易地扯斷繩子，也不會嘗試。

每個人在成長過程中，或多或少都會被類似的繩子纏住，如同那頭大象。很多限制性信念一直影響著我們的人生，經常有人會告訴我們「你做不到的」，而我們往往輕易地信以為真。這些聲音可能源於父母、師長，也可能源於比較親密的同學、朋友，甚至源於自己。

> 我的第一本書出版後，朋友們紛紛給予祝福。其中，有個朋友在她所在領域裡，擁有出色的能力、充足的經驗，當她很羨慕我有自己的作品時，我告訴她，她也可以出書。她輕描淡寫回的一句話，讓我久久難忘，她說：「我哪有那個本事啊。」

有個心理學名詞叫「自證預言（Self-fulfilling prophecy）」，指人們會在無意識中跟隨自己的想法，產生相應的行為，最後導致預期中的結果。我的朋友相信自己不能出書，即使她的能力足夠，依然覺得自己不能。這種「我不配」的心理障礙，就是自證預言在作祟。

我的圖書策劃人「寫書哥」經常拿我當案例，說出書其實沒那麼難，只要有一定累積，靜下心總結，即使原本文字表達能力差，也能透過持續出書而逐漸提升。寫書哥的社群中，有不少從零開始，最後順利出書的人。

如果堅信自己是螞蟻，就會活成螞蟻，而且為自己成為螞蟻，尋找很多合理證據。如果堅信自己是老虎，很可能會活成老虎，即使最後因為不可控因素而沒有成為老虎，但至少不會活成螞蟻。

11 延伸法則

擴展知識體系，能加速實現事業目標

延伸法則：延伸個人的知識體系，不僅能擴充其邊界，還能增強個人創造價值的能力。

建構知識體系就像蓋一棟大樓，這棟大樓的每個房間就像一個知識模組。為了完善知識體系，要先看到這棟大樓的全貌、確認型態，然後一間接一間地建造擴充。經過一段時間累積後，自己的知識大樓就能建立起來。

知識大樓達到一定規模後，才能發揮作用，而發展主業、開展副業、創業，都需要有一定的知識體系做支撐，所以必須不斷擴充知識大樓，才能克服困難、實現目標。

❖ 知識無法變現，主因是一知半解

很多時候，我們以為自己知道的很多，做事卻失敗了，原因通常不是出在知道的太多，而是出在知道的太少。

為什麼這麼說？以下透過一位媽媽的案例來說明。

有位媽媽生了小孩後，辭去原來的工作，當起全職家庭主婦，開始學習育兒，漸漸知道很多相關知識。隨著孩子長大，她見到社群上很多育兒網紅，覺得自己也可以當育兒網紅，分享育兒知識、做育兒諮詢或是接業配。但開始做之後，她發現問題堆積如山。

1. 社群營運不專業

她發現在社群發的內容既沒有流量，粉絲數也成長緩慢。她無法判斷是內容有問題，還是沒有找到營運社群的方法，又或是其他原因，於是陷入焦慮。

2. 育兒知識不專業

她認為自己知道很多，但和其他育兒網紅相比，她的專業性遠遠不足。她想將知識總結成文字，但總結不了多少，也開不了課，更寫不成書。偶爾有一對一的育兒諮詢，她在諮詢方面也不專業，根本無法幫助人。

3. 商品管理不專業

她想賣東西，但不知道如何挑選產品，也不懂談判、供應鏈、客服、物流、定價、銷售等賣東西需要的知識，結果也沒有做成。

這位媽媽原本以為，自己學到的育兒知識量已足夠變現，但其實她的問題不是知道的太多，而是知道的太少。

她因為知道的太少，在新領域學的所有知識都是新知識，經過一段時間，確實會覺得自己在這個領域有一定的累積，這正是「初生之犢不畏虎」的道理。但相較於在這個領域裡打拚多年的人，她仍有一大段路要追趕。以為自己可以做，與實際上自己可以做是兩回事。

不管在哪個領域，想要成功變現，都必須具備一定的知識，不僅需要關於這個領域的專業知識，也需要變現、行銷方面的專業知識。

有個育兒網紅曾經問我：「為什麼賣價值相同的同種產品，另一個育兒網紅賣得比我好那麼多？」我反問她以下三個問題：

- 你知道另一個育兒網紅賣這個產品時，使用哪些方法嗎？
- 如果你知道這些方法，那麼使用過嗎？
- 如果你使用過，曾根據自身情況，將這些方法加以創新或改進嗎？

結果，她連另一個育兒網紅使用哪些方法都不知道，更不要說創新或是改進。所以，她沒有做好的根本原因是她不知道。

❖從輸出反推輸入，輸入更能落實目標

成長過程中有兩件重要的事：輸入與輸出。輸入指的是能擴充自身知識體系，讓自身變強的事，例如：健身、學習、冥想等。輸出指的是能實現自身價值的事，例如：工作、創業、發展副業、兼職等。

如何能持續輸入？有一個方法是利用輸出反推輸入。輸出反推輸入的基本原理，是**為了輸出而輸入**，而不是為了輸入才輸入。輸出是既定的事，輸出必然需要輸入，沒有輸入，就無法輸出。因為要輸出，人的所有精力都會放在輸入，讓輸入變成一件自然的事。

我在寫書前，書上寫的每個知識點是否都熟練掌握、倒背如流？這是不可能的事。完善的知識體系是優質圖書的必備條件，要確保寫的書足夠優秀，必須學習和研究不熟悉的知識，自然會形成輸入。在輸入過程中，自然會完成輸出的某個環節，寫出某些內容，得到良好回饋。

很多人說寫書只是純粹的輸出，其實不然。說這話的人要麼沒寫過書，要麼靠著

吃老本寫書。寫書同時是輸入與輸出的過程，寫完一本書，不僅能總結曾經知道的知識，擴展和加強已知的知識體系，還能學到很多新內容。所以，寫書的過程可說是學習的過程。

利用輸出反推輸入還有個好處，就是**能讓輸入更聚焦目標，更能為實現某個目標服務，而不是漫無目的地輸入。**

舉例來說，某人發現自己的自制力很差，於是制定一個年度目標，要一年讀五十本關於培養自制力的書籍，藉此增強自制力。可是，讀書是一件辛苦的事，一個自制力差的人能堅持讀完五十本書嗎？顯然最終實現這個目標的可能性很小，或許他可以將年度目標改為達成以下事項。

他可以參加讀書會，並在讀書會上分享五十本書，讓其他成員對自己有所期待並監督自己，在分享過程中還能鍛鍊溝通和交流能力。這是典型的活用輸出反推輸入，不僅更容易實現目標，而且實現後的效果會更好。

他也可以找到培養自制力方面的專家，這裡的專家是指將大量時間用於研究自制力，幫助過許多有類似問題者的專家。找到這樣的專家，並向他學習。

他也可以成為自制力方面的專家。這個目標顯然更難實現，但實現後能使自身價值倍增。為了實現這個目標，他可能需要「不斷學習並透過讀書會持續分享書籍」、「不斷尋找專家請教」、「不斷蒐集相關資源」、「不斷提煉、總結並管理核心知識」、「不斷嘗試幫助自制力較差的人」等。

他本身自制力就比較差，所以更容易知道問題起源，並抓住痛點。他有切身的嘗試和感受，所以更容易知道哪些原理和方法有用，哪些沒用。這便是利用更大難度的輸出來反推輸入。

輸出端的層次比輸入端更高，利用輸出反推輸入，是從更高層次解決低層次的問題。因此，**利用輸出反推輸入是建構知識體系的絕佳方法**。當我們發現自己的輸入端出問題時，可以嘗試在輸出端尋找解決方案。

❖如何讓知識呈指數成長？用5項擴充技巧

為什麼我堅持不斷寫書？因為寫書不僅能增強勢能、穩固自身能力，還能擴充延展知識體系。

在人力資源管理領域，出過書的實戰專家多得是，我怎麼做才能比別人厲害？如果別人出一本，我出二十本，而且銷量最高，就比別人高好幾個級別。出書像一場馬拉松，前輩跑在前面，這些人更早被認可並瓜分市場，甚至重新定義規則。後輩怎麼辦？

如果只追求線性成長，很難有所突破。什麼是線性成長？我現在是基層，做了五年升到主管；我現在沒出過書，五年後出了一本書，從此也是作者。

我們要學會指數成長，才能突破困境。什麼是指數成長？我現在是基層，有沒有可能五年後成為主管？我出了一本書，有沒有可能五年內出十本書？

指數成長比線性成長高一個層次，也困難許多。但困難不是問題，因為簡單的事往往不是正確的事。如何實現指數成長？就是把線性成長的速度加快、數量增加或成本降低。不要想不可能實現指數成長，而是要想如何才能做到指數成長。

為什麼我可以寫出這麼多書？除了累積夠多之外，也因為我對選題有合理的規劃布局。以出版人力資源管理領域的書為例，我的內容可以不斷延伸，具體方法如下。

1. 做細

一般來說，人力資源管理領域可以分成人員招募、培訓和開發、薪酬和福利管理、績效考核、員工關係、企業文化等子領域。每個子領域可以進一步細分，例如：招募可以細分為人員規劃、選聘、錄用、員工入職培訓等。

2. 做專

人力資源管理工作中，有很多專業問題需要解決，例如：成本控管、資料分析、人才盤點、人才培養等。

3. 做廣

與人力資源管理工作相關的內容都可以寫，例如：個人所得稅、行政管理、財務知識、心理學等。

4. 做實

讀者普遍喜歡看案例，有沒有可能出純案例版的書？我出版過幾本純案例版的書，其中內容全部取自真實的諮詢案例，包含大量一問一答的內容和解決方案。

5. 做奇

我出版過幾本圖解版的書，這些書是用ＰＰＴ寫的。我可以用圖解的方式，把自己所有文字版的書再寫一遍，當然也可以寫新主題。

勇敢去想，只要想對、想清楚，就是對知識體系的延伸擴展。世界上只有人想不到的事，沒有人做不到的事。萬事皆有方法論，只要用對方法，就能把事做成。

12 三段法則

解決問題有3個步驟，最重要是提出方案

三段法則：說明問題、分析問題、提出方案。

能解決問題、有建設性的意見都是有方案的，大致遵從說明問題、分析問題及提出方案的三段論邏輯，其中提出方案是最重要的。任何只提問題和缺陷，不滿足三段法則，不提解決方案的意見，都是低價值的。如果有人只說某事物不好，卻又說不出如何做會變好，無法有效解決問題。

❖ 反成功學讓人覺得痛快，但沒有用

成功學面向的群體，大多是正在經歷迷茫、脆弱、需要希望的社會角色，他們此

時比任何時候都需要關懷和愛。這類人失落、迷茫及脆弱，並非毫無理由，通常是因為在工作或生活中遇到問題。

當一個人遇到問題時，需要保持冷靜與理性，找出解決方案，才能直面並解決問題。成功學的目的不在直接解決問題，而是讓人覺得問題不再是問題，或者讓人換個角度思考，進而使人將負能量轉為正能量。

隨著成功學的發展，逐漸出現一個新流派，這個流派與成功學完全相反，叫做「反成功學」。顧名思義，反成功學是專門反對成功學的。推崇反成功學的人對於成功學的各種觀點挑毛病，幫助大眾發現成功學的無效，期望把人們從成功學營造的夢想中喚醒。

如果成功學沒有價值，那麼反成功學有價值嗎？其實一樣沒有價值，甚至比成功學更沒有價值。為什麼這麼說？

成功學之所以被很多人接受，是因為它能帶來動力。那些聽成功學的人沒有蠢到以為聽了就能成功，也許只是想從中攝取精神力量。那些反成功學的人不外乎是說，成功學讓人盲目相信自己，實際上人沒有那麼容易成功。但相應地，他們說成功學不好，他們提供什麼解決方案呢？

任何事物都有兩面性，看問題要全面。成功學不是只有負面作用，也有正面作用。成功學的正面作用在於，能給一些人帶來力量和希望。

反成功學有正面作用嗎？按照反成功學的說法，告訴人們「龍生龍，鳳生鳳，老鼠的孩子會打洞」、「社會階層已經固化，出生決定一切，絕大多數人怎麼努力也不能改變自己所處階層」、「根據客觀資料，九五%創業者都會失敗，只有五%創業者能成功，網路上只有二%的人能賺錢」，這個世界就會更好嗎？

如果我只有聽成功學和聽反成功學兩種選擇，我寧願多聽一點成功學，也不要聽反成功學，因為成功學傳播的至少是正能量。

我看過一篇反成功學的文章，作者先在文章中講一個故事。

富翁來到海邊度假，遇到漁夫。

富翁說：「我很有錢，我告訴你如何成為有錢人。」

漁夫說：「說來聽聽。」

富翁說：「你這樣釣魚太慢了，你要弄條船出海捕魚，如果沒有錢就借錢，賺了錢之後，再雇些幫手，提高捕魚量，增加利潤。」

漁夫問：「然後呢？」

富翁說：「之後你換更大的船，雇更多的人，捕更多魚，賺更多錢。」

漁夫問：「然後呢？」

富翁說：「可以開公司，做投資。」

漁夫問：「再然後呢？」

富翁說：「如果能讓公司上市，你就實現財富自由了。」

漁夫問：「實現財富自由之後呢？」

富翁說：「你就能像我一樣到海邊度假、曬太陽、釣魚、享受生活！」

漁夫說：「哦，那不正我是在做的事嗎？」

原來，很多時候人們追求的，正是現在擁有的，只是自己渾然不覺。所以，文章得出的結論是，何必苦苦追求功名利祿？成功有什麼用？實際上，這只是站在漁夫的角度看問題。

如果站在富翁的角度，會是另一番景象。對富翁來說，他實現了財富自由。但漁夫真的有富翁的那種自由嗎？顯然沒有！漁夫沒有足夠財力，去選擇和嘗試做沒做過又感興趣的事。

為什麼反成功學人士推崇這個故事？成功學中的勵志故事會讓人情緒激昂，產生爽感。這類反成功學故事也能讓人產生爽感，因為故事中的富翁隱喻講成功學的人，漁夫隱喻當代社會的大部分人。

社會中的大多數人為了生活，不得不每天朝九晚五地工作。這個事實顯然不是這些人願意看到的，而且他們也不願意接受。大部分人顯然不願意為改變這個事實，思考辦法、付出努力，因為那太難了，需要有一定的魄力和勇氣，花費大量的時間和精力，並具備多於常人的毅力。

相較之下，每天晚上回家打遊戲、看電影、滑手機則是容易的。這時候，冒出這樣一個故事，多痛快！原來，站在社會頂層的人努力到最後，也不過跟我一樣。所以我還努力什麼，追求什麼？最後還不是都一樣。

這個故事最終不僅沒有提出任何方案，沒有解決任何問題，還為很多人提供不行動的藉口，使人們邏輯錯亂，放棄追求。反成功學隱藏著一個可怕和消極的世界觀！

❖成功者vs.失敗者，有5個關鍵差異

我們常把能做成事的人稱為成功者，把不能做成事的人稱為失敗者。我發現一個有趣的現象，成功者各有各的成功，失敗者卻大同小異。失敗者的語言模式有著驚人的相似之處，而且總喜歡把話說得很成功。

失敗者最常說的話之一，是「△△不過是因為X，才做成Y」。例如：張三不過是因為更懂得如何討好老闆，才坐上經理位置。這種人對別人的成功進行負面歸因，讓自己更容易接受「技不如人」的事實。

為什麼失敗者自己不去做X，而要尖酸刻薄地嫉妒別人的Y呢？因為失敗者經常

認為X是大環境、運氣、資源、後門、作弊……，總之都是自己沒趕上或不屑做的。這種話說得多輕巧，動動嘴皮而已，反正失敗從不怪自己。

我以前任職的上市公司，每年都會對員工進行年終績效評測，把員工分為A、B、C、D四種等級，A是最優，D是最差。被評為D的員工，公司通常會考慮將其調離或汰換。培訓師小賈已連續兩年被評為D，於是我找他做績效面談，來瞭解情況。

當我跟他談起績效評測結果，他認為自己講課講得很好，學員反應很不錯，自己沒有問題，評測結果只是參考，我不應該採納，也不應該太認真。

當我跟他談起他授課學員對他的滿意度偏低，他說滿意度存在學員亂評的情況，不可以全信，他在課堂上與學員的互動效果實際上非常好。

當我跟他談起培訓師應具備的專業能力，而他現有能力還不足夠時，他說他只有在課程開發、人際溝通、培訓評估這三項存在缺陷，他將精力都放在怎麼做好拓展遊戲，他把拓展遊戲做得很好。

小賈的思維邏輯是，他在另一個方面比別人還要好，所以他當前的問題不算是問題。因為沒有問題，所以他不需要改變。因為不需要改變，所以多年後，別人成為他想成為的那個人，而他還是原地踏步。

按照這個邏輯推導，小賈可以推導出他比巴菲特強，可能僅因為他的廚藝比巴菲特好；他也可以推導出他比馬雲強，可能僅因為他的游泳技術比馬雲好。他可以比世界上任何一個人都強，只要他能在任一方面比別人強就夠了。

在那家上市公司，隨處能看到一張海報，海報的標題是「成功者 vs. 失敗者」，揭示成功者與失敗者的五個差異。海報的內容如下。

成功者是答案的一部分，失敗者是問題的一部分。
成功者總會有辦法，失敗者總是找藉口。
成功者總是能看到問題的答案，失敗者總是看到答案中的問題。
成功者總是說：「讓我為你做這件事。」
失敗者總是說：「那不是我的責任。」
成功者總是說：「問題也許很難，但有可能解決。」
失敗者總是說：「這事情有可能做到，但太難了！」

我稅後年薪千萬的導師信奉這張海報的內容。他要求把這張海報掛在每一個主管的辦公室、每一個會議室，以及每一個公共區域。

我剛開始不理解這張海報內容的涵義，隨著成長，我也越來越信奉這段內容。與小賈談到最後，我指了指牆上的海報，告訴他可以體會一下海報的內容。他看了一眼，笑了笑沒有回應，眼神中充滿不屑。不久後他辭職了，聽說他後來換過好多工作，職涯非常不順。

總結一下，**成功者總是在為解決問題尋找方案**，而失敗者總是在找理由、推卸責任、逃避問題。

❖ 面對問題，樂觀與阿Q精神大不同

我的鄰居家有個男孩，剛讀高中，全班總共六十人，他的考試成績穩定排在全班五十名左右。

有次年假，他母親找我尋求幫助，我說高中課程早已忘光，可能無法輔導他。他母親說：「沒關係，不是想讓你輔導他，我這個孩子不笨，你幫我開導他吧。他不聽我們的話，但我覺得他可能會聽你的。」

假期時間還算充裕，我就答應了，當做個諮詢和這個男孩聊聊。我跟男孩聊時，發現他不僅不笨，反而挺聰明的。為什麼成績差？因為他喜歡玩遊戲，多次和同學組隊去青島、濟南參加比賽，不過比賽成績平平。在職業玩家面前，他算

不上高手。

當我跟他聊起學業時，他嘲笑那些成績好的學生，說他們有的人連電腦都用不好，在一起玩遊戲時反應很慢，根本比不上他。當我跟他聊起遊戲，他嘲笑職業玩家一天至少十二小時坐著不動，很多人的頸椎都出問題，生活過得也沒多好。當我跟他聊起他母親對他的現狀不滿時，他說別人家的孩子還不如他呢，他只是成績差，有的同學還有不良習慣呢。

多麼有趣，不論我跟這位男孩聊什麼，他都不會表現出消極情緒。他的邏輯是，與學習好的人比，我遊戲玩得好，我強啊；與職業玩家比，我健康，我強啊；與別的孩子比，有人比我差，我缺點少，我強啊。所以，他可以透過這種「良好」的自我調節，樂觀、開朗、健康地茁壯成長。

我想我應該幫不了這位母親，跟她說了我的想法，希望她再找別人試試。後來，這位男孩在大學入學考試只考了兩百多分（滿分七百五十分），隨便進入一所學校，畢業後找了幾份工作都不合適，在家啃老很久。

魯迅先生已離我們遠去多年，阿Q精神卻一直存在。阿Q們永遠能找到一個逃避問題的角度，滿足地活在自己的世界，不承認自己的軟弱和懶惰，不願付出努力和嘗試，永遠用阿Q式的思維邏輯，來抹殺自己曾有過的夢想和追求。

有些人把樂觀與阿Q精神混為一談。樂觀和阿Q精神的主要目的，都是將失敗帶來的負面效應減到最小，它們確實很像，但有本質上的不同，其不同在於，兩者在引導未來的作用上有所不同，**樂觀常會引發積極作用，阿Q精神常會引發消極作用。**

樂觀是，今天考試沒考好，是因為我不如別人努力，繼續認真努力後就會考好。阿Q精神是，今天考試沒考好，不過沒事，很多人考得更差，我還不錯，這樣就好。樂觀不一定使人進步，但阿Q精神一定會讓人停止進步。

有阿Q精神的人，沒錢就說錢多既要防偷又要防盜，很不安心；買不起車，是為了節能減碳，為環保貢獻；買不起名牌衣服，說那衣服不好看；考不上公務員，說別人靠關係走後門；工作能力不如人，說能者多勞，自己樂得清閒；做事失敗，說自己以前成功過好多次。總有一些人不思進取、故步自封、甘為人後，他們樂於成為阿Q，需要成為阿Q。

你永遠也叫不醒裝睡的人。有一部分人有一定的清醒意識，能透過自我調節，時刻提醒自己保持在非阿Q狀態。還有一部分人擁有目標卻暫時迷失方向、願意努力卻暫時陷入迷茫、不甘平庸卻暫時感到迷惑。也許，能夠被喚醒的正是這部分人。

13 燈塔法則

時間和資源都有限，聚焦更有價值的事

燈塔法則：每個人心中都需要一座燈塔，指引能確實累積競爭力的路。

燈塔不僅能表明位置，晚上還能為船隻指引方向，是一種地標性建築。人也需要燈塔指引前進的方向。由於時間和資源皆有限，我們一定要做從長遠來看對自己更有價值的事。短期看起來再美好的事，也要為長遠來看更有價值的事讓路。

哪些事是長遠來看更有價值的事？符合自己的人生規劃，能為實現將來的目標累積勢能、競爭力或能力的事。

❖ 什麼樣的人能跟上浪潮、得到回報？

很多朋友羨慕我，從一開始創業就有回報，打造個人ＩＰ也進展順利。當初與我差不多時間創業的幾個朋友，有的已經撐不下去，重新找工作。

為什麼同樣付出努力，有的人得到回報，有的人卻沒有？能否得到回報難道只能聽天由命嗎？我相信機會總會留給有準備的人。什麼叫有準備的人？就是在機會到來之前有累積的人。

我是因為要做個人ＩＰ和寫書，才累積人力資源管理實戰的內容嗎？當然不是。我的十幾年工作經驗讓我養成整理、歸納和總結的習慣。在職場時，為了讓同事做好工作，我整理各環節的工作標準，每週拿出兩小時在部門內授課。

有一年公司申報獎項，要求每個部門提交資料。那時候，一個世界頂尖團隊在我們公司做專案，我帶著這個團隊用一個多月的時間，梳理整個公司的人力資源管理體系。單把那次申報用的ＰＰＴ列印出來，就能做成三本書，而申報資料還只是簡單列出方法論。如果把說明每個環節怎麼做的具體內容全部整理出來，至少能做成十本書。所以，我能寫出那麼多書，有什麼好奇怪的呢？

為什麼我樂於累積知識？因為累積這些知識對自己有好處。有什麼好處？當時我只是模糊地想將來肯定用得上。我當初想過用那些資料寫書嗎？說實在，想都不敢想。

大多數人都喜歡即時滿足，所以喜歡做能得到即時回饋的事。但真正重要的是，提前累積自己某方面的能力，而不是需要時才臨時培養。

第一波趕上文字自媒體潮流的人，全都是臨時學寫作後崛起的嗎？不是，這些人多數本來就具備寫作能力。第一波趕上影片自媒體潮流的人，全都是臨時學攝影後崛起的嗎？不是，這些人多數本來就懂得怎麼攝影。

機會總是留給有準備的人，因此就算沒有即時回報，我們也要懂得提前準備，鍛鍊自己的寫作、表達、管理等通用能力，同時不斷累積專業能力，才能在機會到來時抓住它。**小成功靠努力，大成功靠機遇，但機遇來臨時，沒努力過的人很難抓住。**

❖以社會公平報酬體系，衡量付出與回報

有一次，我的表弟向我訴苦，說他為公司付出很多，卻一直沒有加薪。他一氣之下提出辭呈，公司竟然絲毫沒有挽留的意思，於是他真的離職了。他來找我應該是想尋求安慰，可能希望我說：「這個公司真是不近人情，不懂得珍惜你這個人才。」

可是我對他說：「這是你的錯，不要怪公司。公司不願意給你更高的薪水，沒有意願挽留你，是因為你不夠優秀。你要做的是反思自己的表現和能力，而不是抱怨公司。」

人人都是一個以自己為名的微型企業。由於自己是一個企業，因此應該為如何產生令客戶認可的價值而努力，這就是專業化、商業品格。好好經營自己，就是樹立自

己這個微型企業的形象和口碑。

許多人熱衷打聽同事的薪水和獎金，並與自己做比較，一旦覺得不公平，就將負面情緒帶到工作中，透過消極工作尋求心理平衡，這其實是錯誤的做法。

正確的方法是，繼續做好自己份內的工作，若認為獲得的回報不符合自身價值，可以向主管或老闆反映。如果主管或老闆不認可自己的看法，再選擇離職也不遲。不過，放棄承擔自己的工作責任，是商業品格的缺失，因為沒有用商業品格的標準，看待所謂的公平。事實上，消極工作會削弱自己創造的價值和應獲得的成長，長期下來，遭受最大損失的是自己。

把視野放得寬廣一些，每個員工都不完全屬於公司，所有人都是社會人，要以社會的標準來衡量自己。我們之所以能到公司任職，是因為公司欣賞我們的才華。同樣地，我們選擇公司，也是認為公司會帶來機會、成長及價值。

要以社會公平報酬體系而非個人感覺，衡量自己的付出與回報。當我們或公司認為彼此不能為對方提供想要的價值時，可以和平地分開。當雙方能為彼此提供想要的價值時，也可以重新合作。

價值永遠是商業世界裡的第一位。在職場中，想獲得更多薪水、更高職位、更大發展空間，只有一個途徑，就是主動地讓自己變得更有價值，而不是將自己的命運被動地交給公司。

唯有自己先成長、工作更高效、創造更大價值，我們才有可能獲得自己想要的東西和更多選擇。

❖ 層層拆解目標，才能精準採取行動

有朋友說，她對目前的工作有些不滿，想要改變但不知道怎麼做。她想做自媒體，藉由做大自媒體流量改變現狀，於是開始經營社群。自媒體做起來後再做什麼？她覺得可以做一些與自己工作相關的事。

如果這個朋友一直保持這種想法，將很難發生改變。先不說要把自媒體做起來，需要有清晰定位，並付出大量時間，單說把自媒體做起來後，往哪個方向發展，她只有抽象的想法。

如果想法過於抽象，無法落實到具體目標，人們不知道具體該做什麼。當人們不知道具體該做什麼，最後可能什麼都不做，或是胡亂做一些看似相關的事。這就是為什麼很多人看似有理想，卻難以實現的原因。

如果目標不具體，規劃就無法具體，任務和行動也無法具體，最後人們不知道自己該做什麼。雖然長期目標遙遠，但可以將其具體化，再分解到不同的行動中。想要做到這一點，可以學習企業經營管理中的策略地圖法。

舉個例子，中國有個大型連鎖藥店經過十幾年快速發展，已成為全國排名頂尖的連鎖藥店品牌。這家公司在制定長遠目標時，運用策略地圖法，將策略目標層層分解、逐步執行，最終落實到具體行動，獲得優異經營成果。這家公司某年度的策略地圖，如第157頁圖表B所示。

持續強化行業內的領先地位，是該公司老闆提出的願景。然而，這個願景比較模糊，需要轉化為具體的任務和行動。這些具體任務分為四個層面。

1. 財務層面

為了實現「持續強化行業內的領先地位」的願景，擴大收入規模是最重要的目標。作為連鎖零售企業，該公司首先需要制定出具體的銷量目標，拓寬收入基礎，同時必須保證公司有一定的定價能力。

再來需要優秀的獲利能力。只有獲利能力得到保證時，公司才能在收入成長和資金保證兩方面，都達到理想的均衡狀態。制定出具體的利潤目標後，要增強獲利能力，必須在成本控制、資產效率上下功夫。

另外，穩定的資金鏈關係到該公司的安全和平穩，是公司發展的基本保障。因此，需要透過拓展融資管道和改良資本結構兩種方式，完善資金鏈。

2. 顧客層面

為了在財務層面擴大收入規模，該公司要在顧客層面做足兩方面的功課：一方面透過提高市占率，保證公司整體的收入基礎；另一方面透過創造客戶價值，保證公司銷售的定價能力。

在提高市占率方面，透過完善銷售品類和提升門市數量兩方面來實現；創造客戶價值方面，則透過改善門市選址、改善顧客服務、加強品牌建設三方面來實現。

3. 內部程序層面

為了實現顧客層面的提升門市數量和改善門市選址的目標，該公司必須在內部程序層面快速增開新店。在門市擴張方面，不採取連鎖加盟的形式，而是全部自營。一方面實現自身的快速複製，另一方面進行選擇性的收購。

對於財務層面要求的強化成本控制，在內部程序層面透過降低採購成本、降低營運成本兩方面來實現。在降低採購成本方面，該公司透過實施代工（Original Equipment Manufacturer，簡稱ＯＥＭ）和統一採購兩方面來實現。在降低營運成本方面，則透過新建物流中心和門市標準化兩方面來實現。

4. 學習與成長層面

為了對財務、顧客和內部程序層面形成支援，在學習與成長層面，該公司需要做好增強組織能力、改善人力資本效能、增強ＩＴ能力三方面的工作。

增強組織能力體現在領導力發展、企業文化建設、決策機制三方面。改善人力資本效能展現在人才配置、員工培訓、激勵機制三方面。增強ＩＴ能力體現在ＩＴ系統

圖表B　某公司某年度策略地圖

持續強化行業內的領先地位

財務層面

完善資金鏈		增強獲利能力		擴大收入規模	
拓展融資管道	改良資本結構	強化成本控制	提升資產效率	拓寬收入基礎	保證定價能力

顧客層面

提高市占率		創造客戶價值		
完善銷售品類	提升門市數量	改善門市選址	改善客戶服務	加強品牌建設

內部程序層面

降低採購成本		快速增開新店		降低營運成本	
實施OEM	統一採購	快速複製	選擇性收購	新建物流中心	門市標準化

學習與成長層面

增強組織能力			改善人力資本效能			增強 IT 能力		
領導力發展	企業文化建設	決策機制	人才配置	員工培訓	激勵機制	IT系統建設	知識管理	電子商務平台

建設、知識管理、電子商務平台三方面。

透過分解「持續強化行業內的領先地位」的願景，該公司將抽象概念化為具體行為，然後逐一實現。每個人在制定自己的長期目標時，可以採取類似方法，具體規劃目標。

本章重點整理

- 力在哪結果就在哪，要把力氣用在正向、正確的事，不要把力氣浪費在負能人和錯誤的事情上。
- 人生要不斷學習，擴展自己的知識體系，因為自己知道的遠遠不夠。利用輸出反推輸入，是建構知識體系的絕佳方法。
- 說明問題、分析問題、提出方案，是有效解決問題的三段法則。逃避問題的阿Q精神，並不會帶來解答。
- 機會一直都在，想要抓住機會，需要及早準備。時時反躬自省，並規劃具體目標，才能在有限的時間和資源中，找到從長遠來看更有價值的事。
- 一件事能否成功，端看自己願不願意相信自己。相信自己是成功的第一步，不相信自己是失敗的第一步。

第 4 章

不畏懼任何挑戰，與夥伴合作共創勝利

「三個臭皮匠，勝過一個諸葛亮。」一人的力量終究有限，合作能讓勢能倍增，創造更大價值。競爭力的終點不是自己變得強大，而是與周圍的人一起成長，實現合作共贏。

14 個性法則

發揚自己的特性，不必迎合別人做改變

個性法則：維持和發揚自己的個性，讓喜歡自己的人更喜歡自己，並且堅守立場和原則，不受外物影響。

每個人的個性不同，喜好也不同。人可以在保持個性的同時，被別人喜歡，但人永遠無法讓自己被所有人喜歡，因此不必為不喜歡自己的人改變。

❖ 別浪費時間，讓討厭你的人喜歡你

有個同是講師的朋友曾問我：「有學員不喜歡我的授課風格，怎麼辦？」我

問他：「不喜歡的人有多少？」他說：「五十個人裡面有兩人。」我說：「那你不用改。」他很驚訝地看著我說：「真的嗎？」

我向他解釋了很久，他才明白其中的道理。

規模比較小、剛做知識服務不久的自媒體經營者，有時會在我的課程結束後，告訴我他們的學員對他們的風格或內容不滿。但是，那些規模較大、做了十年以上的知識服務機構，一次也沒有向我提過這種情況。

為什麼？因為經驗豐富的知識服務機構明白一個道理：「世界上沒人能讓所有人都喜歡自己。」所以，我們不能有精神潔癖，要允許一定比例的負面聲音。這個比例是多少？在培訓領域，十％以內都被認為正常。

我在職場時，有段時間負責新開發區域的人力資源管理工作。那時我幾乎將八〇％的時間都用在員工培訓，加上後來又有管理講師的經驗，因此我一開始就比剛接觸知識服務的人，有更深刻的理解：**不要浪費時間想辦法讓討厭自己的人喜歡自己，**

要想辦法讓喜歡自己的人更喜歡自己。

英國第一位女首相，外號「鐵娘子」的柴契爾夫人說：「人要有立場，不然站在哪呢？」然而人只要有立場，就注定有人喜歡，有人不喜歡。對我來說，選擇一種風格和內容，意味著放棄其他風格和內容，所以不可能做到讓每個學員都喜歡我。

關於《父子騎驢》的故事，我聽過這樣的版本。

一對老夫妻騎著一頭驢趕路，有人看到說：「這麼狠心，兩個人騎在一頭驢身上。」

老太太聽到了，從驢背上下來，讓老伴騎著驢，自己跟著走。

有人看到說：「這老頭真自私，竟然自己騎著驢，讓老太太跟著走。」

老先生聽到了，從驢身上下來，和老太太一起跟著驢走。

有人看到說：「這兩個人真傻，為什麼有驢不騎呢？」

後來，老先生讓老太太騎驢，自己跟著走。

這時又有人說：「這頭驢明明能馱兩個人，為什麼要一個人騎，一個人跟著走呢？」

這個故事說明，你永遠無法滿足所有人，正如柴契爾夫人所說：「如果你的出發點是討人喜歡，就要準備在任何時候、任何事情上妥協，這將讓你一事無成。」

不過，並不是要每個人都固執己見，而是不必太在意負面聲音。虛心學習，將自己的風格和內容定位到多數人能接受，並保持穩定即可。可以根據場景調整行動和做法，但不必為了盲目迎合負面聲音，做不適合的改變。變來變去很容易失去方向、丟失個性，討厭你的人不會因此喜歡你，喜歡你的人反而因此流失。

❖ 是批評還是改善？從對方著眼點來判斷

人有兩種思維，一種是改善思維，另一種是批評思維。批評是為了改善嗎？不一定，但當批評來自討厭我們的人，很明顯不是。改善思維多是希望進步；批評思維則是不斷強調缺陷。

有次我講線上課程，主辦方說學員大多是新手，於是我將內容設計得比較基礎，然而有人聽完課後說內容太淺。另一次我講實體課程，主辦方說聽課的都是經理級以上的人，於是我將內容設計得較有深度，然而有人聽完課後說聽不懂。

這兩次課程結束後，反映問題的人多嗎？不多，不超過五％。而且，根據內容和受眾的定位，這顯然不是我的問題。如果主辦方抱著批評思維，批評我的內容有問題，我該怎麼辦？如果我為了迎合所有人，講課內容包羅萬象，所有人都會滿意嗎？不僅不會，而且不滿意的人大概會更多，因為內容沒有重點、沒有立場。

知識學習平台「得到ＡＰＰ」的《邏輯思維》，早期在討論各種話題時，會從多個角度開講，但最後不會給出立場，讓人自行思考結論。這樣不僅可以接觸多元思考模式，也能從不同角度看問題。

後來，得到APP創辦人羅振宇在節目中說起時代之父亨利・盧斯（Henry Luce）創立《時代週刊》的故事。《時代週刊》是非常成功的中產階級讀物，客群與得到APP的很像。《時代週刊》有個特點，每篇文章都有明確的主張、觀點、態度，以及立場。羅振宇表明，雖然《邏輯思維》每期以多角度分析，但也要有觀點，不能總是做中間派，即使可能引發一些不滿，但相信多數聽眾還是會理解和喜歡。

改變後，確實有些聽眾說《邏輯思維》不如從前，有幾期的主題還引起爭議。但反過來看，當時一直喜歡《邏輯思維》的人更喜歡了。或許，不論改成什麼形式，不喜歡的人都不會喜歡。

每個人都有自己的立場、風格、個性，如果我們總是抱著批評思維做事，總是特別在意來自周圍的批評，將很難找準方向。不要為了迎合別人，刻意盯著自己沒有的，與其想辦法補充自己的不足，不如看看自己現在有什麼，將有的發揚光大。

❖ 錢可以少賺，原則和底線不容侵犯

有一次，一家學習平台合作機構的老闆表示，想將我們分潤制的合作模式變成買斷制。之前這家機構賣我的線上課程，我能從中分一半的報酬，現在他們想一次性買斷版權，我如果答應，以後這套課程就跟我沒有任何關係了。

這家機構的老闆讓我報價，我報十萬元，大概是銷售兩百份後我應得的報酬。老闆不能接受，因為在同類產品上他只需一萬兩千元就能買斷版權。這套課程當年六月上架，銷售半年後，我分得十五萬元。顯然這家機構老闆很看好這套課程，不然不會做出買斷版權的決策。

這家機構的老闆在談合作意願時，就已談過買斷版權的事，但被我拒絕。幾輪溝通後，他才同意採取分潤制進行合作，而且簽下合約。合約對合作和分潤模

式規定得清清楚楚，他為什麼又想變更合約？

1. 課程專有

我大多數的線上課程都有上架到多個平台，並與相應機構採分潤制的合作模式。但這套課程不同，我與這家機構協商時，他們承諾投入較多資源來宣傳這套課程，我才願意合作。而且這套課程專為他們開發，我錄製課程時用的PPT，還特意加上他們的LOGO，也就是說，這套課程在別的平台和場合無法使用。我已經付出時間和精力，如果這家機構不繼續合作，我的努力等於白費。

2. 機構強勢

在管理學領域，有資源的機構是強勢的。講師是生產者，學員是消費者，和其他領域一樣，生產者很難直接把產品賣給消費者，需要中間人連結。一般的講師大多不敢得罪機構，因為機構掌握很多資源，如果講師公然和機構槓上，其他機構見了也不願和這樣的講師合作。

3. 難以維護權益

在我和這家機構簽的合約中，關於變更合作方式的部分寫著「友好協商」。目前這種情況也不能說對方沒有友好協商，我無法咬定機構違約，難以維護權益。即使維護權益，也是自討苦吃。課程在機構手裡，主動權不在我手中。

維護權益有損失，不維護也有損失，遇到這種情況怎麼辦？

多數講師的做法是勉強和機構協商出一個價格，然後自認倒楣。但我和這家機構不是只有線上課程的合作，還有實體課程和諮詢專案的合作，如果沒處理好，我與這家機構的所有合作都將終止，損失很大。

一開始我非常苦悶，埋怨這家機構，後來發現是我的思路不對。在商業世界，難免遇到這種情況，我應該思考的是要不要堅守原則。我認為，在這件事上，我可以不賺錢，但不能失掉做事原則，不能丟掉底線，否則這家機構以後可能會在其他合作中，做出類似行為，因此我不能一味妥協。

我們所做的每個選擇，決定我們是什麼樣的人，也決定別人會怎樣對待我們。一

味地妥協和忍讓，只會讓別人得寸進尺。

最後，我沒有接受這家機構提出的任何條件，也不再與這家機構有其他任何合作。面對為了利益出爾反爾的人，即使有繼續合作的可能性，我也不屑為之，因為原則和底線不容侵犯。

15 捨得法則

願意退一步，能建立並維持良好關係

捨得法則：有捨才有得，很多時候我們為了得，要先學會捨。

所謂捨，不是盲目放棄自身利益，而是兼顧對方利益。寧願自己少賺一點，也要讓別人多賺一點，這種合作才穩固。如果一個人只想著自己，不考慮別人的利益，甚至為了自身利益而損害別人，必然不會有大成就。

❖懂得互相成就，夥伴就離不開你

多數作者為了追求更高利益，不斷換出版社或圖書策劃人。在我有些影響力後，很多圖書策劃人或其他出版社編輯找我合作，我都直接回絕。很多人覺得，圖書策劃人只是中間商，沒寫書還跟著拿錢，不過是在利用作者，作者要想辦法甩掉他們。

「利用」在我看來是個褒義詞。能被別人利用，正說明自己有用。何況，力的作用是互相的，我們在被別人借力的同時，也在借用別人的力量。與其說互相利用，不如說互相成就。

小時候看李嘉誠（注：曾為亞洲首富，多年蟬聯香港首富，人稱「李超人」）的故事，感觸最深的是，普通人做生意總想讓自己利益最大化，但李嘉誠讓自己少賺點，讓別人多賺點。別人喜歡和他做生意，他的合作關係才穩固。

我也是這麼想，我衷心希望寫書哥因為我而賺到錢，以及在出版社負責我圖書的編輯因為我而獲獎、被評選為「優秀編輯」，或拿到更多獎金。當我有能力成就合作方時，合作方也會更願意成就我。

互聯網思維中，有一條是「幹掉中間商」，不想讓中間商賺價差。然而很多時候，如果沒有中間商，要麼商業邏輯不通，要麼市場規模無法擴展。

作者在創作內容上是專業的，但對於圖書市場的策劃和運作、同類產品的調查和研究，以及選題方向的把握，則是如何呢？總而言之，作者能寫出一本書，但是賣得出去嗎？

我和寫書哥合作時，有不同的分工，我負責內容，他負責市場，這樣我可以把主要精力放在打造更好的內容上。寫書哥為我付出，拿部分報酬不是天經地義嗎？**能把越多人捲入自己的系統，讓自己的成敗與越多人產生直接利害關係，成功的機率就越大**。讓別人賺錢，自己才能賺錢。

有人說：「圖書策劃人與那麼多的作者合作，他的資源有限，為什麼要特別為你投入？」這就看每個作者在圖書策劃人那裡的權重。如果圖書策劃人能透過某個作者賺錢，怎麼會不重視他？

讓別人離不開你，別人才會重視你。

一個在某創投公司工作的朋友說他想離職，他之前為這家公司成交好幾個大專案，帶來高獲利。

我問他：「取得這麼多成績，為什麼要離職？」

他回答：「這個創投公司的老闆很奇怪，在我沒成交的時候，每天催我，而且總是畫大餅，說成交以後要給我十%的抽成。分錢的時候，這個老闆卻百般不願意。」

這個朋友的決定很明智，我們要遠離在利益面前言而無信的老闆。

商業世界的雇傭關係也是一種合作關係。透過合作，我們都有利可圖，便能實現共贏，這種關係十分穩定。反過來，我有利可圖，你什麼也得不到，或者我能長久地有利可圖，而你只有短期少量的報酬，這種合作關係薄如蟬翼、十分脆弱。

這就是很多老闆疑惑的「為什麼我的員工沒有忠誠度？」「為什麼我的員工不積極主動？」「為什麼優秀員工總是離開我？」等問題的根本原因。合作的終點是互相成就，我成就你，你成就我，彼此因對方而獲得成就，也因自己而成就對方。

❖ 合作貴在專注，要考量3個面向

出版圖書時，我只和寫書哥及人民郵電出版社合作。為什麼？我主要考慮以下三個方面。

1. 友情

我圖書寫作的起點是與寫書哥的合作。商業世界的合作不只為了利益，長期合作能產生友情。經過多年合作，我和寫書哥建立友情，並成為朋友。朋友之間的信任是無價的，與老朋友並肩前行不是更好嗎？

我圖書銷量的起點是與人民郵電出版社的合作。負責我圖書的編輯曾為我的圖書選題，做過大量市場調研，還為我的圖書出版和銷售，出謀策劃費心費力，讓我十分感動。與出版社建立的情感，怎麼會是別家出版社多給稿費能改變的？

2. 成本

與固定的合作方合作能降低溝通成本，與熟悉的人溝通效率更高。雙方基於信任和熟悉，僅說幾句話就能瞭解彼此的想法。那些不斷更換圖書策劃人或出版社的作者，先不說成功與否，單在溝通成本上，恐怕就要付出很多。

出版業每個環節的利潤並不多，實際上，對於同樣水準的作者，各家給的抽成比例不會差太多。因此，頻繁更換出版社，可能只是更換合作模式，但換湯不換藥。

3. 終端

在圖書行銷方面，終端管理非常重要。規模較大的出版社在終端談判上，具備一定的話語權，而且在終端管理上，也具備較強的能力和較豐富的經驗。

我的線上課程、實體課程和諮詢專案，之所以與多家機構合作，是因為在這些領域，與我合作的任何一家機構，都無法讓我的知識產品觸及全網。但在圖書發行方面，人民郵電出版社有能力觸及所有主要的銷售終端。

做事要懂得專注，合作也要懂得專注。

❖長期共事不能只看利益，要注意什麼？

從二〇二一年開始，我和寫書哥的合作進一步拓展，先是從圖書出版擴展到合作寫書，又從圖書領域擴展到線上課程和實體課程。我們合作出版《寫作如此簡單》一書，內容圍繞著寫作技巧、自媒體營運及個人品牌打造，這本書的銷量非常好。

寫書哥把微博經營得非常成功，他依靠文字，用兩年時間，把粉絲數從零做到六十萬。一般來說，除非是原本影響力就很大的人，否則只在微博上輸出文字內容並不佔優勢，但是寫書哥證明，在微博上靠寫作漲粉並非不可行。寫書哥第一批社群訓練營的學習時間持續六個月，我負責第一個月線上課程的開發和授課。

可能很多人不相信，從寫書哥和我談這件事的合作開始，我從來沒問過他如何分潤，應該分多少比例，而對於課程內容的設置和調整，我們倒是聊了不少。當訓練營招生結束，寫書哥在付錢給我時，詳細說明計算方法，我不記得怎麼算的，只記得他沒虧待我。

我有幾十家合作機構，敢這樣合作的目前只有寫書哥，像這樣合作的也只有這一次。「親兄弟，明算帳」是對的，但為什麼這一次我敢這麼做？同樣也是考慮三個方面。

1. 拓展

寫書哥的這個邀請能幫我拓展領域。我之前一直聚焦於經營管理領域，使用者群體主要是企業、管理者和人力資源管理從業者。然而，我在打造個人品牌、個體崛起、學習、成長等領域，都有值得分享的心得經驗。拓展領域對我來說是打開邊界，讓我走出舒適圈，獲得成長。因此，給多少錢有那麼重要嗎？

2. 人品

截至二〇二一年，我和寫書哥共事已經五年，合作出版的圖書超過二十本。我們雖然身處不同城市，但在圖書出版上，一起經歷過大風大浪，應對過各式各樣的困難。順境和逆境疊加，最能看出一個人的人品，而我認為寫書哥的人品值得信賴。

3. 捨得

在之前與寫書哥的合作中，我從未針對錢與他過多討論。因為有捨才有得，人不能只想自己的所得，也要想別人的所得。這一次不談具體的抽成比例，也是一種捨，我相信寫書哥能接收這個資訊。看到對方的誠意，君子也會拿出相應的誠意。

好的合作始於利益，成於信任，繫於人品。不好的合作始於利益，滅於貪心，毀於猜忌。**短期合作看利益，長期合作看人品。**

16 價值法則

開啟高手合作之門，必須採取3種方法

價值法則：讓自己在合作中對高手產生足夠價值。

合作成立的關鍵首先是我們能為別人帶來什麼，而不是別人能為我們帶來什麼，尤其期望合作的對象是高手時。我們要找高手合作，就要站在對方的立場思考問題，一定要讓自己在合作中對高手產生足夠價值，否則我們很難與其達成合作。

❖合作失敗是因為沒準備、模式不明……

講一個與別人合作的失敗案例。

我剛從企業辭職時，有個經營高端人力資源管理從業者社群的人找到我。他曾任人資高級主管，後來覺得沒有發展空間，就轉型開店，生意做得不好不壞。這個人挺愛交朋友，有一天他想起當初成為高級主管後，認識不少人資高級主管，就建立一個群組，美其名曰「社群」。他制定社群規則，其中一條是只有一定規模企業的人力資源總監才能加入。我在職時無意加入這個社群，與群主和群組成員都不熟。

為什麼說我與他的合作是失敗案例？原因有以下三個。

1. 沒想好預期

他沒想好自己想做什麼，也沒想好希望我做什麼，就打電話給我。當時，他每隔幾天就打一通電話，跟我說他們群組成員都很厲害，都是高手。我感覺到他是沒事喜歡找人吃飯、聊天、談心，並覺得這樣就是建立社交關係。

他最後一次給我打電話時，我有些失去耐心，說：「你說你的社群很厲害，到底希望我幹什麼？能不能說得具體一點？」他聽完有些困惑，可能覺得我這麼說有點冒犯到他，他說：「也沒什麼，只是想讓你邀請身邊認識的朋友進群。」

他說完，我更生氣了，心想你為了這件小事，打這麼多電話給我？我想他聯繫我的目的肯定不是這個，只是他還沒想好，被我一問就脫口而出這句話。我非常珍惜自己的時間，對一切浪費我時間的行為都是零容忍。

2. 商業模式不明

一定會有讀者好奇，這個人建立的社群到底能做什麼？他的商業模式是什麼？別說讀者好奇，我也很好奇。據他說，這個社群能共創資源，實現資源互換、互相幫助。我問他有什麼成功案例，他說還沒有，但只要大家建立社交關係，總會有的。我問他資源互換和共創的具體內容是什麼，能不能描述得更具體，他又說不出來。在沒想好商業模式，沒有成功案例的情況下，拿一個空泛的想法跟別人談事情，是在浪費別人的時間。

這個社群後來有什麼動作？有沒有做成什麼事？我看到有人在社群中分享自己的課程，但沒幾個人聽；有人用這個社群發文，也沒幾個人看；有人在社群中做招聘，也沒幾個人回應。

3. 缺乏商務禮節

這個人聯繫我的時候，不懂基本的商務禮節。他每次打電話，不會提前私訊問我是否方便，就直接打來。有時我有事沒接，他會接著打好幾次電話，不知道的人還以為他有什麼急事。商業世界中，或許只有主管對部屬才可能這樣做。平輩間，尤其不熟的人之間，和別人電話溝通前，先問對方是否方便接電話，是基本禮儀。

幸好這個人感受到我對他的不滿，後來不再打電話了。

❖ 時間成本不對等，別期望對方回應

很多人用社交軟體加了別人好友後，不直接談事情，一定要寒暄一下，說一些沒

意義的客套話。這是社交的大忌，尤其與時間成本較高的人溝通時。

平時加我社交軟體的人很多，有尋求商務合作的人、朋友介紹的人、慕名而來想交流的人、粉絲，還有各種有著意想不到訴求的人。我雖然忙，也會盡可能同意那些人加我好友。然而，很多人加了好友後只發來一句「你好」。遇到這種情況，我通常不會回應。

商務溝通中，加了別人好友後，只對別人說一句「你好」，是非常沒禮貌的事。在社交軟體中說「你好」是什麼意思？是期望對方回覆一句「你好」，然後開啟一段聊天。**但在商業世界中，沒有任何一個人有義務與陌生人閒聊。**

想說什麼就直接說，而且一開始便清楚表達自己是誰，能為對方提供什麼價值，在這個基礎上，希望對方給自己提供什麼價值。不要一開口就希望別人為自己做什麼，畢竟誰也不欠誰。

這個法則不僅可以用在社交軟體溝通，也適用於所有的商務溝通。有無數老闆想請我喝茶或吃飯，我一律拒絕。對於用一分鐘都說不清楚要做什麼的來電，我會找個理由直接掛斷。與一個人是否有可能合作，幾句對話就能判斷，不需要浪費彼此過多的時間。

曾經有個人加我社交軟體的好友，說自己是某政府部門的人員，正在統計網紅的概況，要我提供電話號碼、聯絡地址及所在單位名稱等資訊。

我一開始懷疑她的身份，很禮貌地回覆：「抱歉，這些資訊不方便提供。」

她有些急，多次嫌我回覆太慢，她真的在做統計，要我至少提供其中一種資訊。我沒理她，後來她又說某單位要舉辦一個座談會，邀請我參加。

我很禮貌地回覆她：「抱歉，時間衝突，不方便參加。」

她生氣地說：「你怎麼這樣，我還沒說具體時間，你就說時間衝突。」

這時我已不懷疑她的身份，而是不喜歡她的說話方式，直接解除好友。

是什麼讓她覺得，我需要及時回覆她？是什麼讓她覺得，她要我做什麼，我就得做什麼？是什麼讓她覺得，她可以隨意冒犯別人，但不允許別人有一點不順她的心？

社交溝通中有個現象：**時間成本對等的人，才有可能彼此對話**。高淨值人士（HNWI，意指擁有超過一百萬美元金融資產的人士）的時間成本高，他們普遍珍惜自己的時間，並懂得高效運用。低時間成本的人找高時間成本的人，期望對方一定要回應，就好像有人跑到馬雲辦公室門前喊：「欸，馬雲，你出來一下，我想和你聊聊。」

有人加了我好友後，問我一大堆問題。我回覆慢了或不回覆，他還很不滿意。有人在我的社群裡對我冷嘲熱諷，說我耍大牌，彷彿我應該是他的私人義工，應該什麼都不做，就等著服侍他，對其有求必應。

有人問我問題，我會儘量回答，但有時候會看到類似這樣的問題：「我的企業招不到人，請問如何提高招募達成率？」「我的企業現在人力成本很高，該如何降低？」「我不會數據分析，該如何學習？」

遇到這類用幾句話無法說清的問題，我會說：「你的問題太廣泛，我很難回答，不過我有專門解決這些問題的書，你可以參考。」

曾經有人聽到我這樣回應後，甩給我一句：「切，不就是為了賣書嗎？」我沒有再理會他。我之所以不回覆，一方面是我打字回覆的時間成本太高，不想再浪費時間；另一方面，如果有人朝你吐口水，相信你也不會想朝他吐回去，而是遠離他就好。

對「職場巨嬰」來說，他們需要奶媽這種角色，不過奶媽只負責解決他們的生活問題，供他們隨時差遣，而非讓他們真正受教育，讓他們成長。

如果時間成本不對等，就不要期望得到別人的回應。

❖提供明確合作價值，高手也難以抗拒

我寫完第一本書時，期望得到某位高手的推薦，於是我非常真誠地找了這個人三次。一開始以為他比較忙，沒看到我的資訊，還請他的助理幫忙聯繫，結果這個人依然沒理我。當時我有些生氣，現在回想起來，對方沒做錯，只是我那時太年輕。

我只有向對方表達我的期望，卻沒有表達我能為對方做什麼。**合作是互相的**，對方的勢能遠高過我，如果我不能提供足夠的合作理由，對方不理我很正常。

低勢能的人找高勢能的人，從時間成本的角度來說，連讓對方回應都不一定能做到，更不要說一開始就期望對方幫助，或與對方建立合作關係。明白這個道理後，我主動找勢能比我高的人合作時，都會先說自己能為對方提供什麼價值。舉例來說，當我想和一家人力資源軟體發展公司合作時，我會先告訴對方我能幫助其推廣軟體；當我想和一家諮詢公司合作時，我會先告訴對方我能為其帶來諮詢業務。

我們自認自己的影響力有多大，能給對方帶來多少價值都是徒然，只有當對方認可我們的影響力和價值對其有足夠的價值，才能建立合作關係。

17 相容法則

包容範圍越大，發展空間就越寬廣

相容法則：想被更多人認可、接納或喜歡，我們要先學會和別人相容。

相容性決定市場空間，我們能容納的客群範圍越大，覆蓋的市場空間越大。相容性決定職場發展，我們能適應的工作種類越多，獲得的升遷空間越大。相容性決定人際溝通，我們能包容的思想文化越多，建立的社交關係越廣。

❖ 人都期待完美，但得容許他人會犯錯

我剛開始做人力資源管理諮詢顧問時，我一發現企業的潛在問題，就會馬上告知企業老闆，並有理有據地說明正確做法。然而，這樣做了幾次，我發現多數企業老闆

還是按照原來的做法做，直到問題爆發，才想起我的建議。管理諮詢很像看病問診，後來我常跟來諮詢的老闆講扁鵲三兄弟的故事。

名醫扁鵲總說自己的大哥醫術最好，二哥稍差，自己最差。別人以為扁鵲只是謙虛，如果大哥、二哥的醫術都比他好，為什麼沒有他那麼有名氣？扁鵲說，因為大哥在病人的病情發作前，就馬上除根治病，病人不覺得自己有病而不認可他；二哥在病人的病剛發作，病症不明顯時做到藥到病除，病人以為他只能治小病；而自己是在病人病情嚴重，心急如焚時治病，所以名聞天下。

講完這個故事，大家應該清楚我的潛在意思：「不要以為我說的這些不重要，潛在問題雖然沒發生，但必須調整，不然會出問題。」結果有用嗎？根本沒用，多數企業老闆依然要等到問題爆發，才知道調整。

我有個壞習慣，喜歡把杯子隨手放在桌子邊緣，杯子很容易被碰掉。在這個習慣沒有造成任何損失時，我老婆就提醒我很多次，但我從未在意。有一次因為這個習慣，而打碎一個她買的高價玻璃杯時，我才意識到必須改掉這個習慣。

後來我反思，這也許就是人在成長過程中該有的經歷，**有些領悟只有親身犯過錯才能體會**。這就是為什麼有人苦口婆心地教育孩子，孩子卻不聽話；有人語重心長地教導部屬，部屬卻不接受；有人掏心掏肺地勸誡朋友，朋友卻不在意。

我有個姑姑是一家上市公司的高級主管，她曾在很多人生問題上給我意見。在另一個平行宇宙中，如果我一直聽她的話，很多錯誤都能避免，我也許會走在與現在截然不同的路，發展應該也不會太差，但相應地，我也不會成為今天的我。

如果問我後悔曾犯過的錯誤嗎？我會說不後悔。我相信曾經的困難、艱辛或失敗，短期或許會帶來痛苦，但長遠來看，一定會成為一生中寶貴的財富。安逸和平靜不會給我營養，不會給我帶來快樂。只有在苦過後才知道什麼是甜，難過後才知道什麼是易，痛過後才知道什麼是幸福。沒有痛苦，就沒有改變的動力。

我們在提出建議與傾聽建議時，要懂得相容對方的感受，有以下三種做法。

1. 聽建議時，站在對方立場

當別人對自己提出建議時，站在對方的立場來體會。重視專業人士的建議，因為對方很可能經歷過我們當前的狀況。對於值得信賴的過來人，直接聽取建議勝過自己摸黑前進。

2. 提建議時，為別人保留犯錯權利

若犯錯成本不是高到無法忍受，可以為別人保留犯錯的權利。畢竟別人沒有經歷過，在認知上無法與我們同理。在有些情況下，甚至可以主動為別人創造犯錯的機會，讓他在錯誤中感受痛苦，從而主動尋求改變。前提是犯錯成本在可接受範圍內。

3. 沒建議時，給自己留下犯錯的權利

沒有人給我們建議時，我們可以勇於嘗試，不要怕犯錯，不必對自己要求過高，沒必要為曾經的錯誤感到過分懊悔。沒有人全知全能，沒有人是完美的，犯錯本來就是成長路上不可避免的經歷。

相容對方，更容易讓對方聽進自己的建議。只在自己的認知基礎上自說自話，更容易與對方形成對立關係。

❖ 要讓別人認識你，他們才願意聽你說

寫書哥在與我開啟圖書出版外的合作之後，曾多次建議我詳細講講自己的成長故事。不僅可以讓他的粉絲更認識我，也可以為更多年輕人的成長提供參照。起初，我很抗拒這件事，因為我是嚴重的實用主義者，只關注做的事有沒有用。

我認為，精力應該用在為人們提供有用的東西，人們不會關心我是誰，只關心我能帶來什麼。這也是我向別人學習時的心態，我不管表達者是誰，只關心他講的內容對我有沒有用。若有用，三歲小孩的話我也聽；若沒有用，再大的咖我也忽略。

有一次，寫書哥告訴我：「**得先讓別人認識你，別人才願意聽你說。**」我忽然意識到，我的想法沒錯，但寫書哥也是對的。因為人有很多種，有的人更關注事，只想聽有用的，有的更關注人，只有瞭解一個人，才聽得進他說的話。

人人都能講有用的道理，但為什麼要聽李四講，而非聽張三講？僅僅是因為李四做得更好嗎？這只是原因之一，更重要的是對李四有更深刻的認知。我們對一個人的認知越深，與他的距離就越近。

個人ＩＰ是人格化的存在，是有血有肉的人，不是冰冷的機器。容納客群的需求，讓大家更認識自己，才會有更多人記住自己。如何讓別人認識自己？最有效的方法是**總結自己的關鍵事件**。每個人都有獨一無二的關鍵事件，把它們總結出來，能讓別人更認識自己。

因此，我拋開內心的不情願，立刻著手總結成長過程中的關鍵事件和感觸。對我來說，改變執念的過程是提高自身相容性的過程，也是成長的過程。

成長有量變和質變的分別。量變是小成長，發現自己學到了；質變是大成長，發現過去的自己很傻。每過一兩年，我會發現過去的自己很傻，我對此感到開心。如果有一天，我發現好多年過去，我一直都覺得自己挺好，這代表我的成長停滯，那才是真的傻。

❖擴大相容範圍，將如蝴蝶破繭而出

我以前認為，新手的問題太單純、小企業的做法太單純、乙方的認知和方法太單純，後來我反思，其實這些自大的想法代表我的相容性有問題。如果我無法相容，就注定我與不同圈子的人沒有共同語言，也注定我無法觸及某些市場。客戶的需求不會隨我的意志改變，要改變的不是客群而是我，如果不改變，我的市場會越來越小。

起初，我在網路上寫人力資源管理類知識內容時，只寫自己想寫的。別人能不能看懂，得看他有沒有和我相同的知識、格局及視野。那時候，我就發現自己曲高和寡，但我認為高手沒必要讓所有人都懂自己。我天真地以為，懂的人自然懂，不懂的人不是我的客群。

直到我的第三本書上市，而且有較高的銷量後，我才意識到自己的愚昧。新手是學習需求最大的群體，要做知識服務，針對新手才是正確選擇。我的圖書和線上課程會受到歡迎，正是因為我打造的內容主要針對新手。

我針對新手推出一系列圖書和線上課程後，曾聽到朋友轉述某個同行對我的評價，大致是我只圍繞新手做知識服務，可見我的水準不高。

以前我聽聞這樣的評價一定會生氣，然後想辦法證明，自己其實掌握一整套完善的方法論。然而，那時候我已明白相容性的道理，所以只是微微一笑，隨別人說吧。

在知識服務領域，透過作品證明自己比別人高明，是最不成熟的做法。

以前講課，我最喜歡聽到的評價是：「任老師，您真厲害！」如今講課，我最喜歡的評價是：「任老師，您講得真透徹！」我做知識服務的目的是成就他人，讓別人學到知識，而不是讓大家覺得我多麼厲害。

人一定要懂相容，不懂相容只能孤芳自賞。**向下相容需要格局，平行相容需要視野，向上相容需要智慧。**只要我們願意，眼界、面向、客群等一切內容都能涵括相容。相容性越大，人的可能性就越大。

本章重點整理

- 不要浪費時間想辦法，讓討厭自己的人喜歡自己，而是要讓喜歡自己的人更喜歡自己。只要掌握原則、聽進改善，批評或金錢都無須在意。
- 有捨才有得，與他人合作時，不能一味要求對方付出，合作是互相成就。要懂得專注，不三心二意，並與信得過的人長期合作。
- 尋求與高手合作時，首先要提供自己的價值，並想好溝通預期、計算時間成本，每個人的時間都非常寶貴，遑論高手。
- 為別人保留犯錯權利需要格局，換個角度思考需要視野，擴大相容需要智慧。相容性越大，人的可能性就越大。

TRANSFORM

NOTE

/ /

結語
想走對路少繞彎路，你得先跨出腳步

我常聽到有些人說：「我之所以不做，是因為不會做。如果知道怎麼做，我當然會做。」這句話沒錯，但不會做是誰的問題？如果不會做，可以尋求老師指導、上網查詢資料、買書參考……。有那麼多方法，我們又不笨，只要肯學，解決問題的手段多如繁星。

之所以有不會做的問題，通常是因為人們只是想想，從來沒有真的付諸行動。很多人不行動，除了因為懶，還因為看不到行動後的價值，不明白成長帶來的巨大價值能夠變現，而這種變現是自己給自己的。

舉例來說，小明原本不會游泳，也完全不想學游泳。但如果有人對小明說：「只要你在十天內學會游泳，我就給你一千萬元的獎金。」小明就會有很高的意願和動力學會游泳。成長帶來的巨大變現，遠超一千萬。

很多社會新鮮人剛進入職場不適應，更喜歡在學校的生活。我相信那些學習好、學歷高，進入社會後有較大反差的人，更會有這樣的感受。學校有明確的規則，人與人之間的關係較簡單，想在學校裡取得成就，遵循「只要……就……」原則就好。學生原則上只要學習顧好，其他方面不要太差，就能取得較好的成就。

然而，社會與學校不是一樣的運作方式，社會的關係更複雜，規則相對不明確，很多情況並非付出行動就有回報。但是，這是不行動的理由嗎？實際上，如果好好運用本書介紹的法則，就能讓自己在社會中遵循「只要……就……」的原則。

雖然行動不一定有回報，但是不行動一定不會有回報。常有人說，我若稍微用功也能成功。是的，成功者與普通人沒什麼區別，很多成功者沒有超能力，也不是一出生就是天才。成功者與普通人的唯一差別在於，成功者堅持行動，而普通人半途而廢。一開始成功者走在前面，普通人還能望其項背，久而久之，普通人就望塵莫及，再也追不上了。

很多時候，我們不得不面對自己的缺陷和弱點，現實會一次次提醒，我們不是完美的人，我們需要改變。一些人會選擇催眠自己，追求短期的即時滿足，而另一些人會選擇改變，雖然很痛苦、很想放棄，卻能獲得成功。

知識是0，行動是知識前面的1。沒有行動，空有知識，結果只會是0。有了行動的1，知識的0越多，才會有越大的價值。

想要走對路，必須先邁開腳步。沒有行動就沒有成長，即使我們擁有很多知識，也一定要採取行動。

NOTE

NOTE
/ /

國家圖書館出版品預行編目（CIP）資料

夾縫中的競爭力：看懂職場運轉的 17 個決勝計畫／
任康磊著. --新北市：大樂文化有限公司，2023.12
208面；14.8×21公分.--（Smart；122）

ISBN 978-626-7148-90-7（平裝）
1. 職場成功法
494.35　　112016753

Smart 122

夾縫中的競爭力

看懂職場運轉的 17 個決勝計畫

作　　者／任康磊
封面設計／蕭壽佳
內頁排版／思　思
責任編輯／周孟玟
主　　編／皮海屏
發行專員／張紜蓁
發行主任／鄭羽希
財務經理／陳碧蘭
發行經理／高世權
總編輯、總經理／蔡連壽

出 版 者／大樂文化有限公司（優渥誌）
地址：新北市板橋區文化路一段268號18樓之1
電話：（02）2258-3656
傳真：（02）2258-3660
詢問購書相關資訊請洽：（02）2258-3656

香港發行／豐達出版發行有限公司
地址：香港柴灣永泰道70號柴灣工業城2期1805室
電話：852-2172 6513　傳真：852-2172 4355

法律顧問／第一國際法律事務所余淑杏律師
印　　刷／韋懋實業有限公司

出版日期／2023 年 12 月 12 日
定　　價／280 元（缺頁或損毀的書，請寄回更換）
I S B N／978-626-7148-90-7

大樂文化

大樂文化